大学入試

全レベル問題集
生 物

［生物基礎・生物］

駿台予備学校講師 山下　翠 著

① 基礎レベル

JN247524

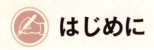 はじめに

　この本は，「これから受験勉強を始める！」というあなたに向けて書かれたものです。

　大学入学共通テスト，また大学の個別試験の多くは，長いリード文を読んで，その後に続く設問に答える，というスタイルが一般的です。

　そのリード文を読み解き，設問に正しく答えるために必要なのが，**生物学用語や定義の正確な理解**です。

　では，効率よく勉強するにはどうしたらよいのか？

　問題を解きましょう。 教科書や参考書を眺めているだけでは，理解できているかどうかは判断できません。問題を解き，インプットした知識を正確にアウトプットできたとき，初めて「理解できている」と言えます。

　この本の問題は，大学入試問題を元に，**生物基礎・生物の全範囲の用語・定義を効率よく理解できる**ように適宜改題して作成してあります。

　すべて解き終えたとき，あなたはもう入試問題を解くチカラがついているはずです！

　さあ，第一志望合格を目指してスタートです！

　最後に，旺文社編集部の小平雅子さん，遠藤豊さんには本当にお世話になりました。心から御礼申し上げます。

山下　翠

著者紹介：**山下　翠**（やました　みどり）

愛知県出身。現在，駿台予備学校講師。論理的でストーリー性のある解説に定評がある。「得点アップのためにはまず楽しむことが必須」という観点から行われる講義は，受講生から「勉強なのに楽しい！」との声が絶えない。著書は『書き込みサブノート　生物基礎』，『書き込みサブノート　生物』，『生物［生物基礎・生物］標準問題精講』（共著），『生物［生物基礎・生物］入門問題精講』（以上，旺文社）など。趣味はランニング。生徒の合格報告とマラソンの記録更新が同じくらい嬉しい。

〔協力各氏・各社〕
装丁デザイン：ライトパブリシティ　　本文デザイン：イイタカデザイン，大貫としみ（ME TIME LLC）
編 集 協 力：遠藤 豊

目　次

本シリーズの特長

1. 自分にあったレベルを短期間で総仕上げ

　本シリーズは，理系の学部を目指す受験生に対応した短期集中型の問題集です。4レベルあるので，自分にあったレベル・目標とする大学のレベルを選んで，無駄なく学習できます。また，基礎固めから入試直前の最終仕上げまで，その時々に応じたレベルを選んで学習できるのも特長です。

レベル① …「生物基礎」と「生物」で学習する**基本事項の総復習**に最適で，基礎固め・大学受験準備用としてオススメです。

レベル② … **大学入学共通テスト「生物」の受験対策用**にオススメです。共通テスト生物では，「生物基礎」の範囲からも出題されるので，「生物基礎」の分野も収録しています。全問マークセンス方式に対応した選択解答です。また，入試の基礎的な力を付けるのにも適しています。

レベル③ … **入試の標準的な問題**に対応できる力を養います。問題を解くポイント，考え方の筋道など，一歩踏み込んだ理解を得るのにオススメです。

レベル④ … 考え方に磨きをかけ，**さらに上位を目指す**ならこの一冊がオススメです。目標大学の過去問と合わせて，入試直前の最終仕上げにも最適です。

2. 入試過去問を中心に良問を精選

　本シリーズに収録されている問題は，効率よく学習できるように，過去の入試問題を中心にレベル毎に学習効果の高い問題を精選してあります。また，レベル①～③では，より一層，学習効果を高められるように入試問題を適宜改題しています。

3. 解くことに集中できる別冊解答

　本シリーズは問題を解くことに集中できるように，解答・解説は使いやすい別冊にまとめました。より実戦的な問題集として，考える習慣を身に付けることができます。

本書の使い方

　問題編は学習しやすいように，はじめに「生物基礎」分野，後ろに「生物」分野を配置してあります。「生物」の分野は「生物基礎」の内容が基礎知識として必要となります。まずは「生物基礎」の問題に取り組み，その後で「生物」に取り組みましょう。

　問題は，各分野ごとに教科書の掲載順序に応じて問題を配列してあります。最初から順番に解いていってもよいですし，苦手分野の問題から先に解いていってもよいでしょう。自分にあった進め方で，どんどん入試問題にチャレンジしてみましょう。

　問題を1題解いたら，別冊解答で答え合わせをしてください。解答は問題番号に対応しているので，すぐに見つけることができます。構成は次のとおりです。解けなかった場合はもちろん，答えが合っていた場合でも，解説は必ず読んでください。

解　答 … 解答は照合しやすいように，冒頭に掲載しました。

解説 … なぜその解答になるのかを，わかりやすくシンプルに解説してあります。また，イメージを掴みやすいように図を多用しました。基礎的な知識の確認をすることで，今後さまざまな問題に知識が応用できるようになっています。必ず読みましょう。

Point … 問題を解く際に特に重要な知識や図・グラフをまとめました。

志望校レベルと「全レベル問題集 生物」シリーズのレベル対応表

＊ 掲載の大学名は本シリーズを活用していただく際の目安です。

本書のレベル	各レベルの該当大学
① 基礎レベル	高校基礎〜大学受験準備
② 共通テストレベル	共通テストレベル
③ 私大標準・国公立大レベル	[私立大学] 東京理科大学・明治大学・青山学院大学・立教大学・法政大学・中央大学・日本大学・東海大学・名城大学・同志社大学・立命館大学・龍谷大学・関西大学・近畿大学・福岡大学　他 [国公立大学] 弘前大学・山形大学・茨城大学・新潟大学・金沢大学・信州大学・神戸大学・広島大学・愛媛大学・鹿児島大学・東京都立大学　他
④ 私大上位・国公立大上位レベル	[私立大学] 早稲田大学・慶應義塾大学／医科大学医学部　他 [国公立大学] 東京大学・京都大学・北海道大学・東北大学・名古屋大学・大阪大学・九州大学・筑波大学・千葉大学・横浜国立大学・大阪市立大学／医科大学医学部　他

レベル1の傾向と対策＆勉強法

　大学入試問題では，ある程度の長さのある冒頭のリード文に，設問が続きます。典型的な形式としては，リード文中に空欄があり，まず，問1として(1)空欄に用語を補充しリード文を完成させ，問2以降は正しい文を選ばせるような(2)文章正誤判断問題や，(3)基本的な知識で答えられる論述問題，(4)図やグラフを描く問題と続き，最後に(5)思考力を問うようなやや高度な論述問題が出題されます。本書では，(1)～(4)まで解けるようになることが目標です。

1．(1)～(4)それぞれの特徴と対策

(1) 空所補充問題

　第1問目がリード文中の空所補充問題であることが非常に多いです。空所に補充する用語は教科書で太字となっている生物学用語です。まずは教科書の太字(生物学用語)の理解が重要です。用語の意味が理解できていなければ，問題文を正確に理解することができないので，用語は，覚え，その用語を説明できる(論述できる)ようにしておきましょう。

(2) 文章正誤判断問題

　4～8個の選択肢から1～2個を選ぶ形式が多いです。文章の中に下線が引かれ，誤っている場合はそれを正しく直す出題もみられます。次のような問題です。
　　［例題］　次の文章が正しい場合には解答欄に○をつけ，間違った文章の場合には正しい文章になるように下線が引かれた箇所を正しく直せ。
　　　　富士山の高さは4776mである。
　　［正解］　3776
　対策としては，**(1)**と同じく，教科書で太字になっている用語を，確実に理解しておくことが重要です。

(3) 30～60字程度の論述問題

　用語や現象についての理解を問う，説明型の論述です。30字もしくは1行で1つの内容を記述するのを目安とすればよいでしょう。まず，書くべき内容をピックアップして箇条書きにして確認し，そのあとで文章の形にします。いきなり文章を書き始めると，途中で何を書きたかったのかがわからなくなりがちです。また，文章はできるだけ易しい表現を使いましょう。賢そうな文章など書かなくてもよいのです。「中学生のきょうだいに説明するような，丁寧でわかりやすい表現」を意識しましょう。

(4) 描図問題

　「細胞小器官の電子顕微鏡像を描かせる」といった知識の確認や，「$2n=6$の植物細胞における減数第二分裂中期の染色体像を描かせる」といった理解の確認などが出題されます。

教科書に載っている図やグラフはしっかり覚えておきましょう。自分でノートを作り，図やグラフをまとめておくこともとても有効です。

2．勉強法「input → output」を繰り返そう

① input：教科書を音読しよう！

　　受験に必要な知識は，すべて教科書に載っています。その知識を効率よく吸収するためには，音読がお薦めです。黙読ではただ眺めがちになりますが，音読すれば用語を覚えやすく，また読み落としていた内容にも気づきやすいものです。

　　音読をする際は，次のように行うとよいでしょう。

1回目：用語などを覚えようとせず，とにかく音読する

　　　　1回目の目標は，その範囲の「全体像を理解する」ことです。いったいどんな内容を学ぶのか，そのあらすじをザックリと捉えられれば十分です。最初からいろいろ覚えようとすると，木を見て森を見ず，となりがちです。

2回目：小項目のつながりを意識しながら読む

　　　　1回目に捉えた全体像があるので，1回目よりも読みやすいはずです。2回目の音読は，例えば「代謝」という大きな範囲の中で，「呼吸」と「光合成」がどのような関係にあるのか，「酵素」はどのように関わっているのか，といった，小項目ごとの関わりを理解できることが目標です。

3回目：理解しながら読む

　　　　もうすでに2回読んでいるので，この分野で学ぶべきことが見えてきます。黙読は，文字を認識して終わりますが，音読は，文字を認識し，かつその語を自分の意志で発音し，さらにその音を認識します。音読の方が内容を覚えやすいのはこの違いにあります。3回の音読により，見慣れない・聞き慣れない用語も減っているはずです。3回目は，文章・用語の意味などを考え，理解しながら読むことが目標です。

② output：問題集を解こう！

　　教科書で吸収した知識をしっかり覚えているか，正しく理解できているかを，問題集を用いて確認しましょう。一度正しくoutputできれば，記憶はより定着しやすくなります。この問題集では，解説をできる限り詳しくしました。不正解だった問題は，解説をしっかり読み，その後でもう1度，教科書のその範囲を音読しましょう。間違った理由は，「誤って理解していた」，もしくは「必要な知識が不足していた」のどちらかであることがほとんどです（もちろんケアレスミスもありますが）。もう1度教科書で正しい知識をinputし，その後で同じ問題に取り組みましょう。

この input → output の繰り返しが，受験に必要な問題を解く基礎力をつくります。

第 1 編

生物基礎

第1章

生物と遺伝子

1 生物の特徴

1 多様性と共通性

原核生物と真核生物に関する次の文を読み，下の問いに答えよ。

地球上にはさまざまな生物が存在しており，名前がつけられている種だけでも約175万種ある。生物はそれぞれの種において生育環境に適応して，形態や生理などに違いがみられるが，ₐ共通の性質もある。これは，すべての生物が共通の祖先から進化したためと考えられる。

問 下線部aに関して，すべての生物にみられる共通の性質として誤っているものを，次から1つ選べ。

① からだが細胞からできている。

② エネルギーの受け渡し物質として ATP を用いる。

③ 周囲の温度が変化してもからだの温度を一定に保つ。

④ 自分自身と同じ構造をもつ子孫をつくる。

〈麻布大〉

2 細胞の構造

細胞の大きさ，形，はたらきはさまざまである。しかし，どの細胞も基本的な構造は共通であり，　ア　で包まれ，内部に遺伝子の本体である DNA（デオキシリボ核酸）と呼ばれる物質をもつという点では共通した特徴をもっている。また，細胞はその形態から，大きくₐ原核細胞と真核細胞の2つに分類される。原核細胞は DNA が膜で隔離されることなく細胞全体に広がった構造をしているのに対して，真核細胞は DNA が膜で隔離され，核と呼ばれる構造体をもっている。真核細胞では，細胞の核以外の部分を　イ　といい，ᵦ細胞小器官の間を流動性に富んだ꜀　ウ　が満たしている。

問1 文中の空欄に入る語として最も適当なものを，次からそれぞれ1つずつ選べ。

① ミトコンドリア　　② 細胞質　　③ 液胞　　④ 染色体

⑤ 細胞質基質　　⑥ 核膜　　⑦ 細胞膜

問2 下線部aに関連して，真核細胞と原核細胞の特徴に関する記述として最も適当なものを，次から1つ選べ。

① 原核細胞には，細胞壁をもつ細胞ともたない細胞の両方がある。

② 原核細胞には，ミトコンドリアと呼ばれる構造体が存在する。

③ べん毛は，原核細胞にのみ存在し，真核細胞には存在しない。

④ 単細胞生物には，真核細胞のものと，原核細胞の両方がある。

⑤ 光合成を行う原核細胞は，存在しない。

問3 原核細胞からなる生物を原核生物という。次のうち，原核生物に分類されるものをすべて選べ。

① 大腸菌　　② オオカナダモ　　③ イシクラゲ

④ 乳酸菌　　⑤ パン酵母

問4　下線部bについての記述として最も適当なものを，次から1つ選べ。
　①　葉緑体では呼吸が行われている。
　②　葉緑体には，核のDNAとは異なる独自のDNAが存在する。
　③　ミトコンドリアには，アントシアンと呼ばれる色素が含まれる。
　④　ミトコンドリアは，活発に活動している細胞では少ない。
問5　下線部cについての記述として最も適当なものを，次から1つ選べ。
　①　化学反応の場となる。
　②　光合成を行う。
　③　遺伝情報に従って，細胞のはたらきや形態を決定する。
　④　細胞を強固にし，形を保持する。
　⑤　細胞への物質の出入りを調節する。

〈女子栄養大〉

3　ATP

　生命活動に必要なエネルギーはすべてATP
から供給される。右図に示したATPの構造に
おいて，ATPを構成しているAは　ア　と
いう糖の一種で，Bは　イ　という塩基であ
る。そしてATPの構造の中でCの部分は
　ウ　と呼ばれている。これにリン酸が3つ
直列に結合したものがATPである。ATPの
中で高エネルギーリン酸結合であるのはATP
の図の矢印　エ　の結合であり，エネルギー
は矢印　オ　で示した位置のリン酸結合が加水分解されるときに発生する。

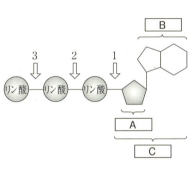

問1　文中の空欄　ア　～　ウ　に適語を入れよ。
問2　文中の空欄　エ　と　オ　に入る最も適切な図中の番号1～3またはその組
　　合せを，次から1つ選べ。

	エ	オ		エ	オ		エ	オ
①	1	1と2	②	2	2と3	③	3	1と2
④	1と2	1	⑤	2と3	3	⑥	1	1と3
⑦	2	1と3	⑧	3	2と3			

4　酵素

　過酸化水素水に酸化マンガン（Ⅳ）を加えると過酸化水素が急激に分解されて泡が出
る。このとき酸化マンガン（Ⅳ）は　ア　としてはたらいている。傷口に過酸化水素水
を落としたときも泡が出る。この反応では　イ　中に豊富に含まれるカタラーゼとい
う　ウ　が酸化マンガン（Ⅳ）のようにはたらいている。

問1 文中の空欄に最も適切な語句の組合せを右から1つ選べ。

問2 ウ の主成分は何か答えよ。

問3 文中の下線部で発生した気体を集めた試験管に，火のついた長い線香を入れたとき，どのような変化が起きたか。次から1つ選べ。

① 線香の火が消えた。

② 「ポン」と音がした。

③ 線香の火は炎を出して燃えた。

④ 変化は起こらなかった。

	ア	イ	ウ
①	酵素	体液	触媒
②	酵素	細胞	触媒
③	触媒	体液	酵素
④	触媒	細胞	酵素

〈東邦大〉

---

5 光合成と呼吸

右の図は，植物細胞の光合成と呼吸における物質の流れを示したものである。アとイは細胞小器官を，AとBは物質を示す。

問1 A，Bに相当する物質は何か。次から最も適切なものをそれぞれ2つずつ選べ。

① 二酸化炭素

② 水

③ 酸素

④ 炭水化物などの有機物

問2 細胞小器官アで起こる反応はどれか。次から適切なものをすべて選べ。

① 二酸化炭素を生成する。

② ATPを分解する。

③ 酸素を消費する。

問3 細胞小器官イで起こる反応はどれか。次から適切なものをすべて選べ。

① 同化の反応である。

② 異化の反応である。

③ エネルギーを蓄える過程である。

④ エネルギーを取り出す過程である。

⑤ 複雑な物質を単純な物質に分解する反応である。

⑥ 単純な物質から複雑な物質を合成する反応である。

問4 細胞小器官アとイの両方で起こる反応はどれか。次から適切なものをすべて選べ。

① 酵素が反応を触媒する。

② エネルギーの移動や変換がある。

③ ATPを合成する過程がある。

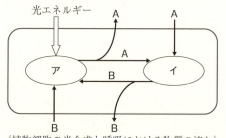

〈植物細胞の光合成と呼吸における物質の流れ〉

〈女子栄養大〉

2　遺伝子とそのはたらき

6　DNA の構造

　遺伝子の本体である DNA は, _aその構造単位である　ア　が多数連なった鎖が2本より合わさったような構造をしている。　ア　は3つの構成成分からできており, そのうちの　イ　と　ウ　は DNA の骨格を形成し, 　ウ　に結合したもう1つの成分である　エ　が2本の鎖を結びつけている。　エ　には4種類があり, _bそのDNA 上での並び方が遺伝情報を担っている。この4種類はアデニン(A), グアニン(G), シトシン(C), チミン(T)であり, DNA 中でのそれぞれの存在比には法則性がある。すなわち, 生物種ごとに_cAとTの存在比は同じ, GとCの存在比も同じである。

問1　文中の空欄に最も適当な語句を答えよ。

問2　DNA の日本語の正式名(省略しない名称)を答えよ。

問3　下線部aのような構造を何と呼ぶか答えよ。

問4　下線部bを何というか答えよ。

問5　下線部cについて, そのようになる理由を簡潔に述べよ。

問6　ある動物の組織から抽出した DNA に含まれる塩基の組成を調べたところ, Aが20%含まれていた。Cは何パーセント含まれると期待されるか答えよ。

〈愛知学院大〉

7　ゲノムと遺伝情報の発現

　ヒトのからだをつくる細胞の総数は60兆個といわれ, それらの細胞は1個の受精卵から細胞分裂を繰り返して増えたものである。ヒトの遺伝子は, 約　ア　個あるといわれ, 遺伝情報を担う物質として DNA をもっている。それぞれの生物がもつ遺伝情報全体をゲノムと呼び, 動植物では生殖細胞(配偶子)に含まれる一組の染色体のもつ遺伝子情報の量を単位とする。伝令 RNA へ　イ　された遺伝子の情報は, 細胞質においてタンパク質に　ウ　される。この遺伝情報の流れに関する原則は　エ　と呼ばれる。タンパク質は, 多数のアミノ酸が鎖状につながった有機物であり, 細胞の内外の適当な場所に移動して機能を発揮する。

問1　文中の　ア　にあてはまる数として最も適当なものを, 次から1つ選べ。

① 220　　　　② 2,200　　　　③ 2万2,000　　　　④ 22万

⑤ 220万　　　⑥ 2,200万

問2　文中の　イ　, 　ウ　, 　エ　に入る最も適当な語句を, 次からそれぞれ1つずつ選べ。

① 恒常性　　② 複製　　③ 転写　　④ 相補　　⑤ 複写

⑥ 翻訳　　　⑦ 分化　　⑧ セントラルドグマ　　　⑨ 輸送

問3　文中の下線部に関する記述で正しいものを, 次からすべて選べ。

① 受精卵と分化した細胞とでは, ゲノムの塩基配列は著しく異なる。

② 神経の細胞と肝臓の細胞とでは, ゲノムから発現する遺伝子は大きく異なる。

③ 一般に, 母と子のゲノムの塩基配列は同一である。

④　ヒトのゲノム全体の約1～2％が，遺伝子としてはたらく塩基配列と推測されている。

〈金城学院大〉

8　体細胞分裂

　右の図1は，真核細胞の体細胞分裂過程の細胞1個あたりのDNA量の変化を模式的に示したものである。

　細胞の分裂から次の分裂までの期間を細胞周期といい，細胞周期はM期（分裂期）と間期からなる。間期はさらに，DNA合成準備期（G_1期），DNA合成期（S期），分裂準備期（G_2期）の3つの時期に分けることができる。

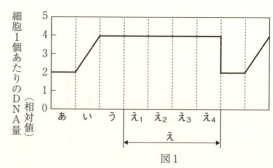

図1

　下の図2は，ある生物の体細胞分裂を模式的に示したものである。

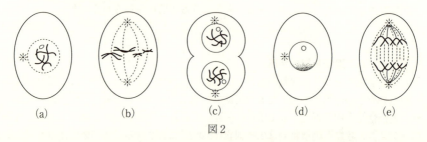

(a)　　　　　(b)　　　　　(c)　　　　　(d)　　　　　(e)

図2

問1　図1のあ，い，う，え，$え_1$，$え_2$，$え_3$，$え_4$にあてはまる時期の名称として最も適切なものを，次から1つずつ選べ。

①　前期　　　　②　中期　　　　③　後期　　　　④　終期

⑤　G_1期　　　⑥　G_2期　　　⑦　M期　　　　⑧　S期

問2　図1の$え_1$，$え_2$，$え_3$，$え_4$の各時期に相当する体細胞分裂の模式図を，図2の(a)～(e)から1つずつ選べ。

〈神戸学院大〉

9　細胞周期

細胞周期に関して，次の問いに答えよ。

問1　ある分裂組織の分裂過程における細胞数を数えると，各時期の細胞数は右の表のと

時期	間期	前期	中期	後期	終期	合計
細胞数(個)	230	10	6	7	7	260

おりであった。この分裂組織の細胞周期を20時間とすると，M期（分裂期）に要する時間はおおよそ何時間か。小数点第二位を四捨五入して，小数点第一位まで答えよ。

問2　問1の260個の細胞において，細胞1個あたりのDNA量は細胞ごとに異なっていた。DNA量が最も少ない細胞のDNA量相対値を1とすると，DNA量相対値が1の細胞が91個，DNA相対値が2の細胞が72個，そして残りの97個の細胞はDNA相対値が1～2の間であった。このとき，次の(1)～(3)の細胞は，M期，S期，G_1期，G_2期のどの時期の細胞が含まれるか。適当な時期をすべて答えよ。

(1)　DNA相対値1の細胞

(2)　DNA相対値2の細胞

(3)　DNA相対値1～2の間の細胞

問3　問2の場合，G_1期，G_2期に要する時間はそれぞれおおよそ何時間か。小数点第二位を四捨五入し，小数点第一位まで答えよ。

〈神戸学院大〉

第2章 生物の体内環境の維持

3 体内環境

10 体液

体液に関して，次の問いに答えよ。

問1 次の文中の空欄に入る語として最も適当なものを，下からそれぞれ1つずつ選べ。

　　動物の細胞を囲う体液は内部環境とも呼ばれ，　ア　，およびその成分の　イ　が　ウ　からしみ出た　エ　，さらに　エ　が　オ　に入った　カ　の3つからなる。

① リンパ液　　② リンパ管　　③ 毛細血管　　④ 血液

⑤ 血清　　⑥ 血しょう　　⑦ 赤血球　　⑧ 白血球

⑨ 血小板　　⑩ 組織液

問2 ヒトの赤血球の平均的な直径として最も適当なものを，次から1つ選べ。

① $2\mu m$　　② $4\mu m$　　③ $8\mu m$　　④ $12\mu m$

問3 ヒトの一定体積の血液中の赤血球，白血球，血小板の数の比較として最も適当なものを，次から1つ選べ。

① 赤血球 ＞ 白血球 ＞ 血小板　　② 赤血球 ＞ 血小板 ＞ 白血球

③ 白血球 ＞ 赤血球 ＞ 血小板　　④ 白血球 ＞ 血小板 ＞ 赤血球

⑤ 血小板 ＞ 赤血球 ＞ 白血球　　⑥ 血小板 ＞ 白血球 ＞ 赤血球

〈順天堂大〉

11 血液循環

血液は，ポンプの役割をする心臓によって送り出されて全身を循環する。血液は心臓の　ア　から　イ　と呼ばれる血管を通って全身へと送り出され，心臓の　ウ　につながる血管を通って心臓に戻ってくる。その後，心臓から肺に送られ，再び心臓に戻る。

問1 文中の空欄に入る語として最も適切なものを，次からそれぞれ1つずつ選べ。

① 右心室　　② 右心房　　③ 左心室　　④ 左心房

⑤ 大静脈　　⑥ 大動脈　　⑦ 肺静脈　　⑧ 肺動脈

問2 血液が心臓から全身を巡って心臓へ戻る経路の名称を答えよ。

問3 血液が心臓から肺へ送られて心臓へ戻る経路の名称を答えよ。

問4 肺動脈を流れる血液と比べたときの，肺静脈を流れる血液の酸素量と二酸化炭素量として，最も適切なものをそれぞれ1つずつ答えよ。なお，同じ選択肢を複数回答えてもよい。

(1) 酸素量

(2) 二酸化炭素量

① 多い　　② 少ない　　③ 同じ

問5　静脈についての記述として適切なものを，次からすべて選べ。

① 筋肉の層をもたない。

② 血液の逆流を防ぐための弁がある。

③ 血管壁が動脈よりも厚く弾力性に富んでいる。

④ 鎖骨下でリンパ管と直接つながっている。　　　　　　　〈北里大〉

12 酸素運搬

　右の図の(a)と(b)のグラフは，足の筋肉の毛細血管内の血液あるいは肺の毛細血管内の血液に関して，酸素分圧と酸素が結合しているヘモグロビンの割合との関係を示している。横軸は酸素分圧，縦軸は血液中において酸素と結合しているヘモグロビンの割合を%で示している。(a)の血液の二酸化炭素分圧は20mmHg，(b)の血液の二酸化炭素分圧は50mmHg であった。

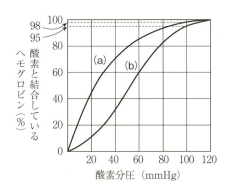

問1　図中の(a)と(b)のうち，肺の毛細血管の血液のグラフはどちらか。

問2　肺での酸素分圧が100mmHg，筋肉での酸素分圧が30mmHg の場合，次の問いの答えとして最も適当なものを，下の①〜⑧から1つずつ選べ。

(1) 肺において酸素と結合しているヘモグロビンの割合

(2) 筋肉において酸素と結合しているヘモグロビンの割合

(3) 筋肉まで運ばれてきた酸素のうち，放出された酸素の割合

　① 20%　　② 38%　　③ 60%　　④ 75%　　⑤ 78%

　⑥ 80%　　⑦ 95%　　⑧ 98%　　　　　　　　　　　　〈天使大〉

13 血液凝固

　次のa〜dは，外傷などで傷ついた血管から出血したときにみられる現象を示している。

a．血管の傷ついた部分に，血ぺいが形成される。

b．タンパク質でできた繊維が形成される。

c．血管の傷ついた部分に，血小板が集まってくる。

d．血管が修復されると，血ぺいが溶けて取り除かれる。

問1　a〜dの現象が起きる順序に並べかえよ。

問2　bの「タンパク質でできた繊維」のタンパク質の名称は何か。最も適当なものを，次から1つ選べ。

　① アルブミン　　② インスリン　　③ バソプレシン

　④ ビリルビン　　⑤ フィブリン　　⑥ ヘモグロビン

〈金城学院大〉

右の図は，ヒトの腎臓の一部を模式的に示したものである。次の問いに答えよ。

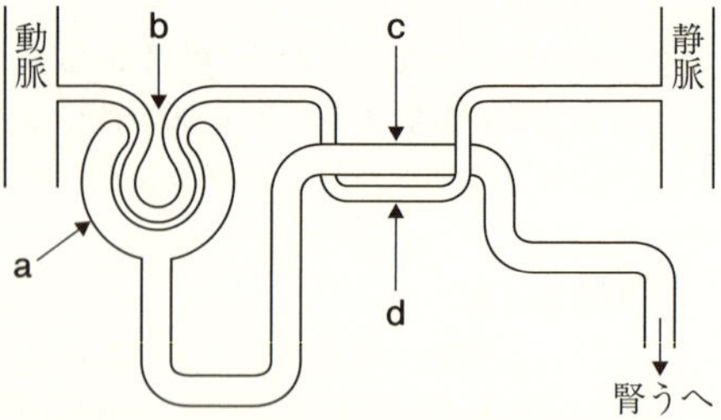

問1 図のa〜dの名称は何か。最も適切なものを，それぞれ次から1つずつ選べ。

① 細尿管 ② 集合管
③ 輸尿管 ④ ボーマンのう
⑤ 糸球体 ⑥ 腎小体
⑦ 毛細血管

問2 図のb・cで行われる成分のろ過，再吸収について，次の問いに答えよ。

(1) bでろ過されないものとして適切なものを，下の①〜⑥から2つ選べ。

(2) cで健康な人であればほぼ100％再吸収されるものとして最も適切なものを，下の①〜⑥から1つ選べ。

① 赤血球 ② 尿素 ③ グルコース
④ ナトリウム ⑤ 水 ⑥ タンパク質

下の表は，ヒトの静脈にイヌリンを注射し，一定時間後の，血しょう，原尿，尿に含まれる成分とその量を示したものである。次の問いに答えよ。ただし，イヌリンは，ヒトの体内では利用も合成もされず，bで自由にろ過された後，cで全く再吸収されることなくすべて排出される物質である。

	血しょう (g/100mL)	原尿 (g/100mL)	尿 (g/100mL)
尿素	0.03	0.03	2
イヌリン	0.1	0.1	12

問3 表から，1日に生産される原尿の量(L)はいくらか。最も適切な数値を，次から1つ選べ。ただし，尿は1日に1.5L生成されるものとする。

① 80 ② 100 ③ 120 ④ 140
⑤ 160 ⑥ 180 ⑦ 200 ⑧ 220

問4 表と問3の結果から，1日に再吸収された尿素は何gか。最も適切な数値を，次から1つ選べ。

① 20 ② 22 ③ 24 ④ 26
⑤ 28 ⑥ 30 ⑦ 32 ⑧ 34

〈金城学院大〉

15 肝臓の構造と機能

ヒトの肝臓は横隔膜の下に位置し，1～2kgの重さの大きな器官である。さまざまな成分の合成や分解を行い，からだの代謝に重要な役割を果たしている。肝臓を構成する細胞はおもに ア 細胞であり，この細胞が集まった直径1mmほどの イ が肝臓の構成単位となる。消化管とひ臓からの血液は肝 ウ を通り， ア 細胞の間を走る太い毛細血管である類洞を経て， イ の中心にある中心静脈へと流れる。この血液には，デンプンの消化産物であるグルコースや，タンパク質の消化産物である エ ，破壊された赤血球のヘモグロビンが分解されてできる オ などが含まれる。血液中のグルコース濃度は，ほぼ一定になるように調節されている。肝臓ではグルコースは カ となって蓄えられるが，必要に応じてグルコースとなって放出される。タンパク質を呼吸に利用すると生成されるからだに有害な キ は，肝臓で毒性の少ない ク に変換され，腎臓から排出される。肝臓からは胆汁が分泌される。胆汁は ケ を通って コ に貯蔵され，十二指腸に食物が達すると放出される。また，血しょう中に含まれるタンパク質の多くは肝臓でつくられている。

問1 本文中の空欄に入る適当な語句を記せ。

問2 消化管での脂肪の消化に果たす胆汁の役割を記せ。

問3 文中の下線部について，肝臓でつくられる血しょう中の主要なタンパク質の名称を2つ記せ。

〈愛知医大〉

16 ヒトの中枢神経系

ヒトの中枢神経系は，構造的に大きく大脳，間脳，中脳，小脳，延髄，脊髄に分けられる。大脳は情報を処理し，記憶，判断，創造などの高度な情報活動の中枢であり，小脳は運動を調節しからだの平衡を保つ中枢である。その他の4つの部位の役割は，

(1) 姿勢を保ち，眼球運動，瞳孔の大きさを調節する中枢

(2) 呼吸運動，心臓の拍動を調節する中枢

(3) からだの各部と脳を連絡

(4) 感覚神経の中継や体温，血糖濃度，血圧などを調節する中枢

である。

問1 右図のア～オの名称を答えよ。

問2 文中の(1)～(4)は，それぞれどの部位のはたらきを説明したものか，次からそれぞれ1つずつ選べ。

① 間脳　　② 中脳

③ 延髄　　④ 脊髄

〈創価大〉

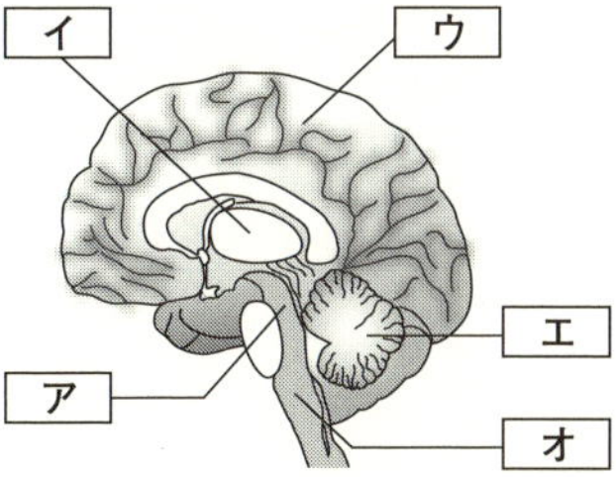

17 自律神経系

　自律神経系はおもに内臓や分泌腺に分布し，通常　ア　の支配から独立して，意識とは無関係な調節を行う。自律神経系のはたらきの中枢は，　イ　の視床下部である。交感神経はすべて　ウ　から出て，心臓・肺・胃・腎臓などの内臓や，だ腺・涙腺などの分泌腺に分布している。副交感神経は，　エ　，　オ　，および脊髄の下部から出ているが，そのうち特に　オ　から出る副交感神経はいろいろな内臓器官に広く分布している。通常，それぞれの器官には交感神経と副交感神経が両方分布しており，拮抗的に作用する。

問1　文中の空欄にあてはまる語として最も適当なものを，次からそれぞれ1つずつ選べ。

① 大脳　　② 間脳　　③ 中脳　　④ 小脳　　⑤ 延髄　　⑥ 脊髄

問2　文中の下線部に関して，副交感神経の作用はどれか。最も適当なものを，次から2つ選べ。

①　心臓の拍動の促進　　②　発汗の促進　　③　消化管運動の抑制
④　立毛筋の収縮　　　　⑤　瞳孔の収縮　　⑥　気管支の収縮

〈名古屋学院大〉

18 内分泌系

　物質を分泌する腺には，細胞でつくられた物質が排出管を通って体外に分泌される　ア　腺と，排出管を通らず，直接体液中に分泌される　イ　腺がある。体内環境の調節は，自律神経系による調節に加えて，　イ　腺でつくられるホルモンによって行われる。ホルモンは血液中を流れ，特定の臓器や細胞に作用する。ホルモンが作用を及ぼす器官を　ウ　器官といい，その器官にある細胞を　ウ　細胞と呼ぶ。この細胞は，特定のホルモンを認識し結合できる　エ　をもつ。ホルモンのはたらきで，最終的な分泌物の効果が，前の段階にさかのぼって作用することを　オ　という。このしくみにより，血液中のホルモン濃度を，ほぼ一定に維持することができる。

問1　文中の空欄に適語を入れよ。

問2　ホルモンとその作用の組合せとして，誤っているものを次から1つ選べ。

	ホルモン	作用
①	グルカゴン	血糖濃度を上げる
②	アドレナリン	心臓の拍動を抑制する
③	パラトルモン	血液中のカルシウム濃度を上げる
④	鉱質コルチコイド	体内の無機塩類量を調節する

〈京都女大〉

19 フィードバック

ホルモン分泌の調節について，次の問いに答えよ。

問1 図の ア にあてはまる最も適当なホルモンの名称を答えよ。

問2 図の ア のはたらきについて最もあてはまる語句を，次から1つ選べ。

① 血圧の上昇 ② 代謝を促進する
③ 腎臓での水の再吸収促進 ④ 腎臓での無機塩類の再吸収促進

問3 図で，血中の ア の濃度が上昇すると，視床下部でつくられる甲状腺刺激ホルモン放出ホルモンと脳下垂体前葉でつくられる甲状腺刺激ホルモンの分泌が著しく影響を受ける。どのような変化が起きるか，次からそれぞれ1つずつ選べ。

(1) 甲状腺刺激ホルモン放出ホルモン
(2) 甲状腺刺激ホルモン

　① 増加 ② 変化なし ③ 減少

〈金城学院大〉

20 血糖濃度調節

ヒトが食事をすると小腸などで ア が血液中に取り込まれ，血糖濃度は一時的に イ する。血糖濃度が イ すると，間脳の視床下部にある血糖濃度の調節中枢からの信号が a を通じてすい臓に伝わり，すい臓のランゲルハンス島のB細胞を刺激してB細胞から ウ が分泌される。 ウ は細胞内への ア の取り込みや細胞中の ア の消費を促進するとともに，肝臓で ア から エ の合成を促進する。その結果，血糖濃度が オ して通常の濃度に戻る。

一方，激しい運動などの後で ア が消費され，血糖濃度が カ すると，その血液が間脳の視床下部に達することで，血糖濃度の調節中枢からの信号が b を通じてすい臓と副腎髄質に伝わる。すい臓のランゲルハンス島のA細胞からは キ が，副腎髄質からは ク が分泌される。さらに間脳の視床下部から副腎皮質刺激ホルモン放出ホルモンが分泌され， c を刺激し， c から副腎皮質刺激ホルモンが放出される。これにより副腎皮質から ケ が分泌される。 ケ は組織中の d から ア への合成を促進する。これらのホルモンのはたらきによって血糖濃度は コ し，通常の濃度に戻る。このようにヒトのからだには血糖濃度の増減を調整するしくみが備わっている。

問1 空腹時のヒトの血糖濃度はどれか，最も適当なものを次から1つ選べ。

① 0.01% ② 0.1% ③ 1% ④ 10%

問2 文中の ア ～ コ にあてはまる最も適当なものを，次からそれぞれ1つ選べ。同じ語句を何度用いてもよい。

① アドレナリン	② インスリン	③ グリコーゲン
④ グルカゴン	⑤ グルコース	⑥ 糖質コルチコイド
⑦ 鉱質コルチコイド	⑧ 上昇	⑨ 低下

問3 文中の ┌ a ┐ と ┌ b ┐ にあてはまる最も適当なものを，次からそれぞれ1つ選べ。同じ語句を何度用いてもよい。

① 交感神経 　　② 副交感神経

問4 文中の ┌ c ┐ にあてはまる最も適当な語句を，次から1つ選べ。

① 脳下垂体前葉　　② 脳下垂体後葉　　③ 間脳の視床下部　　④ 延髄

問5 文中の ┌ d ┐ にあてはまる最も適当な語句を，次から1つ選べ。

① 糖質　　② 炭水化物　　③ 脂質　　④ タンパク質

〈金城学院大〉

---

21 体温調節

体温調節中枢がはたらいた結果起こる現象として最も適当なものを，次から1つ選べ。

① 副腎髄質が刺激されて糖質コルチコイドの分泌が増加すると，放熱量(熱放散)が増加する。

② チロキシンの分泌が増加して肝臓の活動が高まると，発熱量が増加する。

③ アドレナリンの分泌が増加して筋肉の活動が高まると，発熱量が減少する。

④ 交感神経が興奮して汗の分泌が高まると，放熱量が減少する。

⑤ 副交感神経が興奮して汗の分泌が高まると，放熱量が減少する。

〈センター試験〉

---

22 硬骨魚の体液濃度調節

海水魚と淡水魚の体液の塩類濃度の調整に関する記述として誤っているものを，次から1つ選べ。

① 海水魚は口から積極的に多量の水分を取り入れる。

② 海水魚は体液とほぼ同じ塩類濃度の尿を出す。

③ 海水魚は余分な塩類をえらから排出する。

④ 淡水魚は海水魚に比べて腎臓におけるナトリウムイオンの再吸収量が少ない。

⑤ 淡水魚は水中の塩類をえらから吸収する。

〈畿央大〉

---

23 免疫

ヒトのからだは，細菌やウイルスなどのさまざまな病原体の侵入にさらされており，これらに対するいろいろな防御のしくみをもつ。第1の防御は，外部環境からの病原体などの異物の侵入を防いでいる a皮膚や消化管・気管の上皮によるもの，第2の防御は，食細胞などの b食作用により異物を排除する自然免疫，第3の防御は，リンパ球による c獲得免疫(適応免疫)である。

問1　文中の下線部 a について，第1の防御に関する記述として最も適当なものを，次から1つ選べ。

① 強い酸性の胃液には殺菌作用がある。

② リゾチームは細菌の細胞膜を分解する。

③ ケラチンタンパク質と生細胞からなる角質層が，ウイルスの侵入阻止にはたらく。

④ 消化管上皮には繊毛が存在し，病原体を排出する。

問2　文中の下線部 b について，ヒトで食作用を行う細胞の組合せとして最も適当なものを，次から1つ選べ。

① ヘルパーT細胞，キラーT細胞

② 樹状細胞，キラーT細胞

③ マクロファージ，好中球

④ マクロファージ，ヘルパーT細胞

⑤ 好中球，ヘルパーT細胞

問3　文中の下線部 c について，次の問いに答えよ。

(1) 獲得免疫には体液性免疫と細胞性免疫がある。これらの免疫に関する記述として最も適当なものを，次から1つ選べ。

① 体液性免疫ではB細胞のみが，細胞性免疫ではT細胞のみがはたらく。

② 体液性免疫では二次応答が起こるが，細胞性免疫では起こらない。

③ 1種類の記憶細胞は，いろいろな抗原の記憶にかかわる。

④ 拒絶反応は細胞性免疫の一種で，キラーT細胞が直接，細胞を攻撃する。

⑤ ウイルスが感染した細胞が除去されるのは，おもに体液性免疫による。

(2) 体液性免疫において，抗体としてはたらくタンパク質の名称を答えよ。

(3) 獲得免疫は，正常にはたらかず，からだに害を及ぼす反応になることがある。これらに関する次の(a)～(c)の記述に関して，適当なものには○，誤っているものには×を記せ。

(a) アレルギーを引き起こす抗原に対してつくられる抗体をアレルゲンと呼ぶ。

(b) 特定の薬剤やハチの毒素に対し，アナフィラキシーという激しい症状が現れることがある。

(c) 自分のからだの成分に対し，抗体やキラーT細胞が反応することによって起こる病気は自己免疫疾患と呼ばれる。

問4　次の免疫にかかわる3種類の細胞(ヘルパーT細胞，キラーT細胞，B細胞)のうち，1個の細胞が特定の抗原に特異的にはたらくものには○，特異性がないものには×を記せ。

(1) ヘルパーT細胞

(2) キラーT細胞

(3) B細胞

〈中村学園大〉

4　バイオームの多様性と分布

24　さまざまな植生

ある地域に生育している植物の集まりを　ア　といい，その外観を　イ　という。
イ　は，主として植物群落を構成する植物のうち個体数が多く，占有している空間
が最も広い　ウ　によって特徴づけられる。　イ　は，単なる外から見てわかる外
部形態であるが，環境と密接な関係がある。地球上の環境は場所により異なるため，そ
こに生息する動物や微生物を含むすべての生物の集まりを意味する　エ　は多様であ
る。

問　文中の空欄に入れるのに最も適当な語句を，次から1つずつ選べ。

① ギャップ　　② 極相　　　③ 植生　　④ 先駆種
⑤ 相観　　　　⑥ バイオーム　⑦ 木本　　⑧ 優占種　　〈武庫川女大〉

25　世界のバイオーム

バイオームに関する右の図を見て，問い
に答えよ。

問1　図のa～kに対応するバイオーム
を，次から1つずつ選べ。

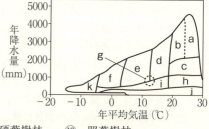

① ステップ　　　② サバンナ
③ ツンドラ　　　④ 砂漠
⑤ 熱帯多雨林　　⑥ 亜熱帯多雨林
⑦ 雨緑樹林　　　⑧ 夏緑樹林　　　⑨ 硬葉樹林　　　⑩ 照葉樹林
⑪ 針葉樹林

問2　下の表は世界のバイオームについて表したものである。これを参考にしてあとの
各問いに答えよ。

	バイオーム	気候の特徴	植生の特徴	植物名
1	ア	オ	ケ	ブナ，ミズナラ
2	イ	カ	低温のため有機物の分解が進まず植生がほとんどみられない	サ
3	ウ	1年中高温多湿で季節の変動が少ない	コ	シ
4	エ	キ	雨季に葉を茂らせ，乾季に葉を落とす落葉広葉樹	ス
5	硬葉樹林	ク	クチクラが発達した，硬くて小さい葉をもつ常緑広葉樹	セ

(1)　表中の　｜　ア　｜～｜　エ　｜にあてはまるバイオームを，**問1**の語群①〜⑪から1つずつ選べ。

(2)　表中の　｜　オ　｜～｜　ク　｜に最も適する文を，次から1つずつ選べ。

①　年平均気温が−5℃以下である。　　②　温帯のうち比較的寒冷。

③　年平均気温が0℃前後。　　④　雨季と乾季がはっきりしている。

⑤　乾季が長い。　　⑥　年降水量が約200mmを下回る。

⑦　温帯内陸部の乾燥地域。　　⑧　冬に雨が多く，夏の乾燥が厳しい。

(3)　表中の　｜　ケ　｜，｜　コ　｜に最も適する文を，次から1つずつ選べ。

①　乾燥に強いイネのなかまが優占，背丈の低い樹木が点在。

②　葉の面積が狭い針葉樹。構成する樹種は極端に少ない。

③　樹高50mをこす常緑広葉樹。つる性植物など種類数は最多。

④　冬に落葉することで寒さに耐える落葉広葉樹。

(4)　表中の　｜　サ　｜～｜　セ　｜にあてはまる植物名を，次から1つずつ選べ。

①　地衣類，コケ植物　　②　サボテン類

③　フタバガキ，ガジュマル　　④　オリーブ，コルクガシ

⑤　アカシア，イネのなかま　　⑥　チーク，コクタン

⑦　エゾマツ，トドマツ　　⑧　スダジイ，タブノキ

問3　針葉樹が優占するバイオームを，図中のa〜jからすべて選べ。　　〈天使大〉

26　日本のバイオーム

　ある地域のバイオームがどの型になるかは，おもに2つの気候要因によって決まる。日本では全域にわたって　｜　ア　｜が十分なので，｜　イ　｜によってバイオームが決定され，南北に応じて異なるバイオームが分布する。このような分布を　｜　ウ　｜分布という。また，標高に応じて異なるバイオームが分布する。このような分布を　｜　エ　｜分布という。

問1　文中の空欄に入る最も適当な語の組合せを，次から1つ選べ。

	ア	イ	ウ	エ		ア	イ	ウ	エ
①	気温	降水量	水平	垂直	②	気温	降水量	垂直	水平
③	降水量	気温	水平	垂直	④	降水量	気温	垂直	水平

問2　右の図1は，日本におけるバイオームを表したものである。図中の凡例オ，カにあてはまるバイオームの名称と代表的な樹種の組合せとして最も適当なものを，次ページからそれぞれ1つずつ選べ。

オ　｜　　　　｜
カ　｜▨▨▨▨｜

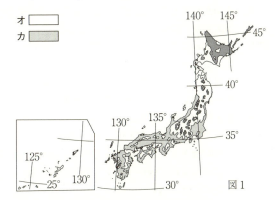

図1

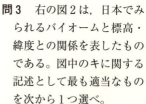

	バイオーム	樹種		バイオーム	樹種
①	照葉樹林	スダジイ・アラカシ	②	照葉樹林	ブナ・ミズナラ
③	照葉樹林	コメツガ・シラビソ	④	夏緑樹林	スダジイ・アラカシ
⑤	夏緑樹林	ブナ・ミズナラ	⑥	夏緑樹林	コメツガ・シラビソ
⑦	針葉樹林	スダジイ・アラカシ	⑧	針葉樹林	ブナ・ミズナラ
⑨	針葉樹林	コメツガ・シラビソ			

問3 右の図2は，日本でみられるバイオームと標高・緯度との関係を表したものである。図中のキに関する記述として最も適当なものを次から1つ選べ。

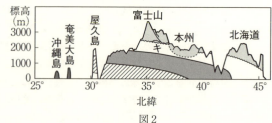

図2

① 照葉樹林が発達し，森林の樹木は冬季に落葉する。

② ブナやミズナラなどが優占する森林がみられ，丘陵帯と呼ばれる。

③ 山地帯と呼ばれ，夏緑樹林が発達する。

④ 東北地方の低地に分布し，針葉樹が優占する。

⑤ 亜高山帯と呼ばれ，コメツガやシラビソなどが優占種となっている。

〈自治医大，獨協医大〉

27 遷移

ある地域に生育する植物の種類や数は常に一定ではなく，時間とともに変化している。このような時間による変化のことを遷移と呼ぶ。遷移には，一次遷移と二次遷移がある。

問1 一次遷移とはどのような遷移であるのか，30字程度で説明せよ。

問2 次の(1)〜(3)について，そのあとに起こる遷移は，一次遷移，二次遷移のどちらか，

(A)：一次遷移 　(B)：二次遷移

の記号で答えよ。

(1) 過疎化が進み，田畑が耕作放棄された。

(2) 火山が噴火して，溶岩によって新しい島ができた。

(3) 山火事が発生して，森林が消失した。

問3 日本の暖温帯で遷移が進む順番に，次の①〜⑤を並べ替えよ。ただし，「荒原」から始まることとする。

① 陰樹林　　② 混交林　　③ 草原　　④ 低木林　　⑤ 陽樹林

問4 裸地には必ずしもコケ植物や地衣類が侵入するのではなく，遷移の初期段階で裸地に種子植物が侵入することもある。

(1) このような植物を何と呼ぶか，答えよ。

(2) この特徴として最も適当なものを，次から1つ選べ。

① 貧栄養条件に強い　　② 弱光条件に強い　　③ 大きく重い種子をつくる

④ 乾燥条件に弱い

〈京都産業大〉

5　生態系とその保全

28 生態系

生物にとっての環境は，温度・光・水・大気・土壌などからなる　ア　環境と，同種・異種の生物からなる　イ　環境に分けて考えることができる。物質循環の観点からこれらを1つのまとまりとしてみるとき，これを生態系という。生態系内で　ア　環境から生物へのはたらきかけを作用といい，<u>生物が　ア　環境に影響を及ぼすはたらきかけ</u>を　ウ　作用という。

生態系の中で無機物から有機物を合成する生物を　エ　といい，ほかの生物を食べて，それを自己のエネルギー源として利用する生物を　オ　という。土壌中には動植物の遺骸や排出物から養分を得ている菌類や細菌類が生息しており，こうした生物を　カ　という。　エ　と　オ　，あるいは　オ　において"食う－食われる"の関係が一連に続くことを　キ　というが，実際の自然界における　キ　の関係は複雑なので　ク　といわれる。

問1　文中の空欄に入る最も適当なものを，次からそれぞれ1つずつ選べ。

① 栄養　　　② 環境形成　　③ 自然形成　　④ 消費者
⑤ 食物網　　⑥ 食物連鎖　　⑦ 生産者　　　⑧ 製造者
⑨ 生物的　　⑩ 相互関係　　⑪ 非生物的　　⑫ 腐食連鎖
⑬ 分解者　　⑭ 捕食者　　　⑮ 物理的　　　⑯ 有機的

問2　文中の下線部の例として正しいものを，次からすべて選べ。

① 鳥によって，植物の種子が運ばれる。
② 落葉によって，土壌中の有機物が増加する。
③ 光の強さによって，植物の成長速度が変化する。
④ チョウの幼虫によって，植物の葉が食べられる。
⑤ 森林の形成によって，森林内の明るさが変化する。

問3　　エ　，　オ　，　カ　の生物の例として正しい組合せを，次から1つ選べ。

	エ	オ	カ		エ	オ	カ
①	イネ	イナゴ	シイタケ	②	アオカビ	ブナ	イネ
③	イナゴ	リス	イヌワシ	④	シイタケ	イナゴ	アオカビ

〈大阪工大〉

29 生態ピラミッド

生態系において生産者から高次の消費者までの食物連鎖の各段階を　　　　という。生物の個体数などを　　　　が下位のものから上位のものに順に積み重ねるとピラミッド型になることが多く，これらをまとめて<u>生態ピラミッド</u>という。

問1　文中の空欄に入る最も適当な語句を答えよ。

問2　文中の下線部に関して，安定した生態系における生態ピラミッドに関する次の文のうち，正しいものを1つ選べ。

① 個体数ピラミッドも生物量ピラミッドも必ずピラミッド型になる。

② 個体数ピラミッドは必ずピラミッド型になるが，生物量ピラミッドは逆転することがある。

③ 個体数ピラミッドは逆転することがあるが，生物量ピラミッドは必ずピラミッド型になる。

④ 個体数ピラミッドも生物量ピラミッドも逆転することがある。 〈大阪工大〉

30 炭素循環とエネルギーの流れ

右の図は陸上生態系における炭素の循環を模式的に表しており，矢印は炭素の流れの方向を示している。

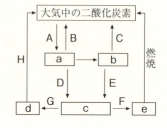

問1 図中の ［ a ］〜［ e ］ に適切な語句を，次の語群から１つずつ選べ。

［語群］ 化石燃料 遺体・排出物 消費者
  生産者 分解者

問2 図中のA〜Hのうち呼吸を示す矢印をすべて選び，記号で答えよ。

問3 次の文中の空欄に適切な語句を答えよ。

植物は太陽の光エネルギーを光合成によって ［ ア ］ エネルギーに変換し有機物中に蓄える。つくられた有機物は食物連鎖を通して高次の栄養段階へと移動していく。有機物に含まれる ［ ア ］ エネルギーは各生物の生命活動に使われるたび，一部は ［ イ ］ エネルギーとなる。［ イ ］ エネルギーは有機物の合成に使えないため，［ イ ］ エネルギーは最終的に宇宙空間に放出される。すなわちエネルギーは食物連鎖の中で ［ ウ ］ することはなく，一方向的に流れるのみである。

〈東京慈恵会医大〉

31 窒素循環

植物は土壌中に存在する硝酸イオンやアンモニウムイオンなどを吸収し，a タンパク質など窒素を含む有機物をつくる。生物界に取り込まれた窒素は，やがて動植物の遺骸や排出物の一部となって，菌類や細菌類の分解作用によりアンモニウムイオンとなり，直接植物に吸収されるほか b 亜硝酸菌と硝酸菌によって硝酸イオンとなる。硝酸イオンは根から植物に吸収されるが，一部は細菌類によって c 窒素分子になり大気に放出される。生物の大部分は大気中に大量に存在する窒素分子を直接利用できないが，d 一部の生物は窒素分子を窒素化合物に変えることができる。

問1 下線部a〜dを表す語句として最も適当なものを，次から1つずつ選べ。

① 硝化   ② 脱窒   ③ 脱アミノ反応

④ 窒素固定   ⑤ 窒素同化

問2 下線部dの作用について答えよ。

(1) この作用を行うことができない生物を，次から1つ選べ。

① アゾトバクター   ② クロストリジウム   ③ クロレラ

④ ネンジュモ

(2) この作用に関する記述として誤っているものを，次から１つ選べ。
① マメ科植物はこの作用によって大気中の窒素分子をアンモニウムイオンに変える。
② 工業的なこの作用により窒素肥料が合成されている。
③ 大気中の窒素分子は空中放電によって無機窒素化合物になる。
④ 根粒菌はある種の植物と共生しているときにのみ，この作用を行う。

〈大阪工大〉

32 水界生態系の保全

　ある地方の河川上流域水質を調べたところ，ₐ河川水質は清水であることがわかった。中流域では集落や田畑からの汚水の流入により ᵦ水質は悪くなっていたが，さらに流下すると ᵪ水質が改善する傾向が認められた。この河川が流入する湖では，春から夏にかけ ₔ植物プランクトンの異常な増殖が引き起こされ，水面が青緑色になる現象が常態化しており，これは湖の生態系が ₑ人間活動によって過度に攪乱(かくらん)された結果であると考えられた。

問1　下線部ａについて，最も清浄な水質の目安となる生物として適当なものを，次から１つ選べ。
① サワガニ　　② タニシ　　③ イトミミズ

問2　下線部ｂについて，この水質の変化として誤っているものを，次から１つ選べ。
① アンモニウムイオンの濃度は高くなった。
② 水中の酸素の量は少なくなった。
③ BOD(生物学的酸素要求量)値は小さくなった。

問3　下線部ｃの流下に従って水質が改善することを何と呼ぶか答えよ。

問4　下線部ｄの現象を何と呼ぶか答えよ。

問5　下線部ｅについて，河川や湖に窒素やリンなどの無機物が蓄積する現象を何と呼ぶか答えよ。

〈大阪工大〉

33 自然浄化

　右の図は清流に有機物を含む汚水が流れ込む川で水の調査をし，NO_3^-，NH_4^+，酸素，および，有機物の含有量を調べた結果である。図中のアが示すものとして最も適当なものを，次から１つ選べ。
① NO_3^-　　② NH_4^+　　③ 酸素
④ 有機物

濃度(相対値)　汚水流入　ア　←上流　下流→

〈東京工芸大〉

水質汚染

　化学物質の中には，自然環境中に放出された後に生態系の中で残存し，問題となるものがある。生物が外界から取り込んだ特定の化学物質が，通常の代謝を受けることなく，あるいは分解や排出をされないために体内に蓄積して環境中よりも高濃度になることを，□□□という。また，そのような物質を蓄積した生物を捕食する，より上位の消費者では，さらに体内の濃度が上昇することがある。

問1　文中の空欄に入る最も適切な用語を答えよ。

問2　文中の下線部の物質の溶解性には，どのような性質があるか。次から最も適切なものを1つ選べ。

①　水溶性（水に溶けやすい）　　②　脂溶性（油に溶けやすい）

③　両親媒性（水にも油にも溶けやすい）

問3　下の表中の生物間の関係において，DDT はシオグサからアオサギまで，何倍に濃縮されたか。

生物名	シオグサ （緑藻類）	ウグイ （小型魚類）	アオサギ （鳥類）
DDT の含有量(mg/kg)	0.080	0.94	3.54

〈大阪薬大〉

---

35 **環境問題**

　大気中の二酸化炭素の濃度は，20世紀以降，人間活動による増加が顕著になった。その最も大きな原因は，石油や石炭などの□ア□燃料の燃焼である。二酸化炭素は地表からの熱放射を吸収して地球を温かく包む効果があるため，同様の効果をもつ□a□やフロンなどとともに□イ□ガスと呼ばれる。これらの気体の増加が地球の温暖化を招いている。石油や石炭の燃焼は，地球温暖化のほかにも重要な環境問題の原因となっている。

問1　文中の□ア□，□イ□にあてはまる最も適当な語を答えよ。

問2　文中の□a□にあてはまる最も適当なものを，次から1つ選べ。

①　エタノール　　②　メタン　　③　過酸化水素　　④　セルロース

問3　文中の下線部にある，石油や石炭の燃焼がもたらす地球温暖化以外の環境問題とは何か。次から最も関わりの強いものを1つ選べ。

①　酸性雨　　②　DDT の生物濃縮　　③　湖沼でのアオコの発生

④　オゾン層の破壊

〈昭和女大〉

---

36 **生態系のバランス**

　ラッコの生息する海域でラッコの個体数が減少すると，ウニの個体数が□ア□する。そのため，ウニの主食である海藻が□イ□し，海藻をすみかにしていた魚やエビなどの数が変化して，その海域における種の多様性が□ウ□する。

問1　ラッコの個体数が減少した場合の変化を示した上の文中の空欄に，「増加」もしくは「減少」のどちらかをそれぞれ答えよ。

問2　この海域におけるラッコのように，生態系のバランスを保つのに重要な役割を果たす種を何と呼ぶか答えよ。

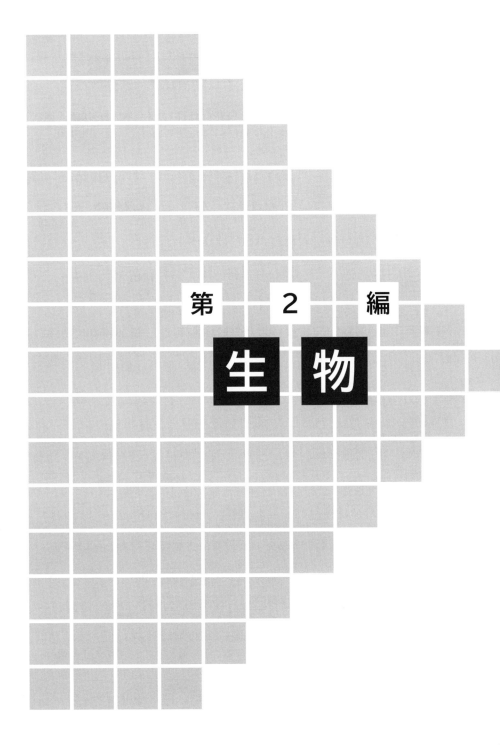

第 2 編

生物

生命現象と物質

6 | 細胞と分子

37 生体構成物質

　細胞を構成する物質には，a タンパク質・b 核酸・c 脂質・炭水化物・無機塩類・水などがある。質量で比較すると，植物組織に最も多く含まれる物質は ［ ア ］ であり，2番目に多く含まれる物質は ［ イ ］ である。

問1　文中の空欄に入る語句の組合せとして最も適当なものを，次から1つ選べ。

	ア	イ		ア	イ		ア	イ
①	タンパク質	炭水化物	②	タンパク質	水	③	炭水化物	タンパク質
④	炭水化物	水	⑤	水	タンパク質	⑥	水	炭水化物

問2　下線部aではないものはどれか，次から1つ選べ。

① インスリン　　　　② ミオシン　　　　③ アデノシン
④ ナトリウムポンプ　⑤ 免疫グロブリン　⑥ DNA ポリメラーゼ

問3　下線部bに関する正しい記述として最も適切なものを，次から1つ選べ。

① 常に2本鎖として存在する。　② 原核細胞には存在しない。
③ 翻訳にはかかわらない。　④ 核の中だけにある。　⑤ 糖を含んでいる。

問4　下線部cのうち，細胞膜などの生体膜の成分を，次から1つ選べ。

① 脂肪　② コルチコイド　③ ビタミンA　④ リン脂質

38 タンパク質の構造と性質

　細胞成分のタンパク質について，以下の問いに答えよ。

問1　一般的な動物組織において，水を除いた高分子比で比べると，タンパク質は何番目に多いか，次から1つ選べ。

① 1番目　　② 2番目　　③ 3番目　　④ 4番目

問2　タンパク質を構成するアミノ酸は何種類あるか，次から1つ選べ。

① 4種類　　② 16種類　　③ 20種類　　④ 64種類

問3　アミノ酸どうしの結合を何と呼ぶか，次から1つ選べ。

① 水素結合　　② ペプチド結合　　③ S−S結合　　④ エステル結合

問4　タンパク質の構造に関する正しい記述を，次から1つ選べ。

① ポリペプチドを構成するアミノ酸の数を一次構造と呼ぶ。
② ポリペプチドを構成するアミノ酸の配列順序を二次構造と呼ぶ。
③ ポリペプチドの一部がつくるらせん構造やジグザグ構造を三次構造と呼ぶ。
④ 複数のポリペプチドが集まってつくる構造を四次構造と呼ぶ。

問5　熱や酸でタンパク質の立体構造が変化することを何と呼ぶか，次から1つ選べ。

① 屈性　　② 傾性　　③ 失活　　④ 変性

問6　次の(1)，(2)に適切なタンパク質を，下から1つずつ選べ。

(1) 細胞骨格を構成するタンパク質

(2)　DNAと結合して染色体を構成するタンパク質

　　① チューブリン　　② アミラーゼ　　③ DNAポリメラーゼ　　④ ヒストン

問7　タンパク質には含まれない元素はどれか，次から1つ選べ。

　　① C　　　② H　　　③ O　　　④ P　　　⑤ N

問8　アミノ酸4個が配列する組合せは何通りあるか，次から1つ選べ。

　　① 4通り　　　② 80通り　　　③ 1600通り　　　④ 160000通り　　〈奥羽大〉

39 生命活動とタンパク質

　タンパク質はアミノ酸が多数つながったポリペプチドでできている。1本のポリペプチドはαヘリックスやβシートという　ア　構造をとり，　ア　構造がさらに組み合わされてより複雑な立体構造をつくる。このとき　イ　と呼ばれる一群のタンパク質が折りたたみを助けることがある。

　タンパク質には多くの種類があり，それぞれが生命活動を支えるためにはたらいている。タンパク質は，そのはたらき方から酵素，_a運動に関わるタンパク質，_bホルモン，_c物質の運搬にはたらくタンパク質，_d生体防御に関わるタンパク質，受容体，および生体の構造をつくるタンパク質などに分類することができる。

問1　文中の空欄に入る語句の組合せとして最も適切なものを，次から1つ選べ。

	ア	イ		ア	イ		ア	イ
①	二次	オペロン	②	二次	シャペロン	③	二次	プロモーター
④	三次	オペロン	⑤	三次	シャペロン	⑥	三次	プロモーター

問2　下線部a〜dに関係するタンパク質として最も適当なものを，次から1つずつ選べ。

　　① バソプレシン　　② カドヘリン　　③ 免疫グロブリン　　④ コラーゲン

　　⑤ カタラーゼ　　⑥ トリプシン　　⑦ ミオシン　　⑧ ヘモグロビン

〈東海大〉

40 細胞の構造とはたらき

　次の①〜⑩の細胞構造体に関して，以下の問いに答えよ。

　① 細胞膜　　② ゴルジ体　　③ 核小体　　④ 核膜

　⑤ ミトコンドリア　　⑥ 中心体　　⑦ 細胞壁

　⑧ 葉緑体　　⑨ 液胞　　⑩ リボソーム

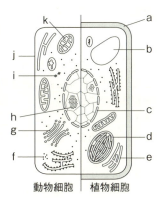

問1　右の図は，動物細胞と植物細胞を電子顕微鏡で観察し模式化したものである。①〜⑩のそれぞれに対応するものを，図中のa〜kからそれぞれ1つずつ選べ。

問2　次の1〜10の文は，細胞構造の機能や特徴を記したものである。①〜⑩のそれぞれに対応するものを1つずつ選べ。

　1．細胞分裂の際，紡錘糸の形成に関係する。

　2．光エネルギーを利用して，二酸化炭素と水から有機物を合成する。

　3．内外連続した2枚の膜で，ところどころ孔が開いている。

　4．細胞内で合成したものを細胞外へ分泌できるようにする。

　5．糖や色素などを含み，水分の調節に関係する。

動物細胞　植物細胞

6．細胞内外の間での物質の移動を調節する。

7．呼吸に関する酵素を含み，有機物から ATP が合成される。

8．全透性の性質を有し，セルロースやペクチンからなっている。

9．タンパク質合成の場である。

10．rRNA 合成の場である。

問3 ①〜⑩のうち，原核細胞にも存在するものをすべて選べ。ただし，該当するものがないときは，「なし」と答えよ。 〈北海道医療大，女子栄養大，広島国際大〉

41 生体膜の構造と特徴

　細胞や細胞小器官は膜によって囲まれている。このような細胞膜や細胞小器官の膜はまとめて生体膜と呼ばれ，基本的には同じ構造をしている。生体膜のはたらきと構造に関する次の文と図について，問いに答えよ。

　生体膜は，厚さ約 A nm で，構成している物質は， ア とタンパク質である。なお，1nm は， B 分の1m である。

　生体膜にはいろいろな種類のタンパク質があり，物質の輸送に重要なはたらきをしている。これらのタンパク質の特徴は，分子やイオンの種類によって物質を通過させたり遮断したりすることにある。このような，特定の物質のみを通す性質は イ と呼ばれる。

　生体膜に存在するタンパク質のうち，特定の物質を通す孔をもつものは， ウ と呼ばれる。 ウ で行われる濃度の勾配に従った物質輸送は， エ と呼ばれる。生体膜に存在し，水分子だけを通過させる孔をもつタンパク質は オ と呼ばれる。生体膜では，エネルギーを使い，物質の濃度差に逆らった物質輸送も行われている。このような物質輸送のしくみは カ と呼ばれ，自身と結合した特定の物質を生体膜の反対側へ カ するタンパク質は キ と呼ばれる。

　また，細胞膜を介して大型の物質を出入りさせるときには，物質を包み込んだ小胞を形成し，これによる分泌を ク ，取り込みを ケ と呼ぶ。 ク によって分泌されるタンパク質の例として C があげられる。このようなタンパク質は，リボソームで合成されて コ から サ へと送られ， サ から分離した分泌小胞が細胞膜と融合することで細胞外へ分泌される。

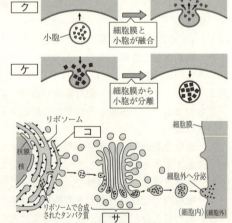

問1 文中の A ， B に最も適当な数値を，次から1つずつ選べ。

① 0.5〜1 ② 5〜10

③ 50〜100 ④ 10^3

⑤ 10^6 ⑥ 10^9

問2 文中および図中の ア 〜 サ に入る適切な語を答えよ。

問3 文中の C に最も適当な語を，次から1つ選べ。

①　アミラーゼ　　　②　ヘモグロビン　　　③　ヒストン　　　〈和歌山大，自治医大〉

42 **細胞と浸透現象**

　右の図は，ある植物細胞を，蒸留水，7％スクロース溶液，15％スクロース溶液，20％スクロース溶液のいずれかに10分間浸した後の模式図である。

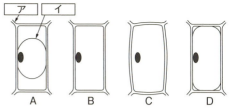

問1　A図の　ア　，　イ　で示される構造の名称を，それぞれ答えよ。

問2　D図の細胞の状態を何というか答えよ。

問3　7％スクロース溶液に浸した細胞の図はA〜Dのどれか。

問4　細胞の浸透圧が最も高い図はA〜Dのどれか。　　　　〈福島教育大〉

43 **細胞骨格**

　細胞の内部は細胞質基質で満たされ，さまざまな細胞小器官が存在しているが，細胞の形や細胞小器官は，タンパク質でできた繊維状の構造物に支えられている。この構造物を細胞骨格といい，右の図に示したように，　ア　，　イ　，　ウ　の3つに分けられる。　ア　はマイクロフィラメントとも呼ばれ，直径7nm ほどで細胞骨格のうち最も細い繊維である。　イ　は直径10nm ほどで，繊維状

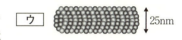

のタンパク質を束ねた形態をしており，非常に強度がある。　ウ　は，チューブリンという球状タンパク質が集合してできた直径25nm ほどの中空の管で，細胞小器官である　エ　から周囲に向けて放射状に分布している。

問1　文中の空欄に入る最も適切な用語を記せ。

問2　　ア　と相互作用するモータータンパク質の名称を答えよ。

問3　　ウ　と相互作用するモータータンパク質の名称を2つ答えよ。

問4　次の(1)〜(3)の機能に関係する細胞骨格は，　ア　，　イ　，　ウ　のどれか。

　(1)　細胞や核の形を保つ役割　　　(2)　細胞分裂時における染色体の分配

　(3)　筋収縮　　　　　　　　　　　　　　　　　　　　　　　　〈大阪薬大〉

44 **細胞接着**

問　細胞接着について，次から正しいものを1つ選べ。

　①　カドヘリンには多くの種類があり，同じ種類のカドヘリンは細胞膜の外側で互いに結合する性質がある。

　②　カドヘリンが細胞膜の外側で互いに結合するためにはカリウムイオンが必要である。

　③　デスモソームはインテグリンを介して上皮細胞どうしを結びつけている構造である。

　④　ギャップ結合は，タンパク質などの大きな分子の細胞間での移動に関わっている。

　　　　　　　　　　　　　　　　　　　　　　　　　　　　　　〈上智大〉

第4章｜生命現象と物質

7 代 謝

45 酵素

　反応の前後で自身は変化しないが, 反応を促進する物質を ⎡ ア ⎤ という。一般に多くの化学反応は, 温度を上げると速く進む。<u>生体内では特殊な場合を除いて, 常温, ほぼ中性と穏和な条件にもかかわらず化学反応が効率よく進行している</u>。これは, 酵素が ⎡ ア ⎤ としてはたらいているためである。酵素がはたらきかける相手の物質を ⎡ イ ⎤ という。

　酵素が化学反応を進めるときには, まず酵素は ⎡ ウ ⎤ と呼ばれる部分で ⎡ イ ⎤ に結合して, ⎡ エ ⎤ を形成する。酵素が特定の物質のみにはたらきかける性質を, ⎡ オ ⎤ と呼ぶ。酵素が ⎡ オ ⎤ をもつのは, 酵素がタンパク質で構成されており, 特有の立体構造をもっているからである。

問1　文中の空欄にあてはまる語を答えよ。

問2　下線部に関して, 酵素の中には中性以外の pH で活性が最も高くなるものもある。

　(1)　活性が最も高くなる pH 条件を何と呼ぶか答えよ。

　(2)　次の酵素の活性が最も高くなる pH を, ①～③からそれぞれ1つずつ選べ。

　　　アミラーゼ　　　ペプシン

　　　①　pH2　　　②　pH7　　　③　pH8

〈長岡技科大〉

46 酵素反応の阻害と調節

　酵素はそれぞれ特有の活性部位をもち, 活性部位に結合する基質のみに作用する。しかし, _a<u>基質とよく似た構造の物質がいっしょに存在すると, 活性部位を奪いあうため, 反応は阻害を受ける</u>。

　一方, 多数の酵素が関与する一連の反応では, _b<u>最終産物が最初の反応にかかわる酵素のはたらきを抑制している</u>ことが多い。右図のように物質Aから物質Bへ酵素Aにより反応が進む場合, _c<u>最終産物が酵素Aのある部位に結合すると, 酵素Aの立体構造が変化して物質Aと結合できなくなる</u>。その結果, 酵素反応全体が阻害され, 最終産物はつくられなくなる。最終産物が消費されて減少すると酵素Aのはたらきが回復して再び反応が進行する。

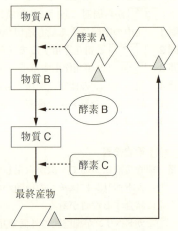

問1　文中の下線部aのような酵素反応の阻害を何というか。

問2　文中の下線部bのように, 最終産物が反応系全体の進行を調節するはたらきを何というか。

問3　文中の下線部cのように, 基質以外の物質が結合すると立体構造が変化するような酵素Aの部位を何というか。

〈名城大〉

47　呼吸と発酵

　生物に必要なエネルギーのほとんどは，ATP を分解することによって得られる。一方，ATP は呼吸による有機物の分解反応で得たエネルギーで合成される。右の図はグルコ

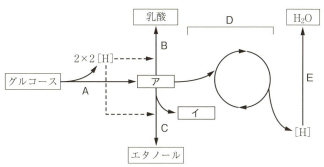

ースが呼吸基質となった場合の呼吸と発酵の模式図である。

問1　図中の　ア　，　イ　の物質名を答えよ。

問2　乳酸菌が行う「グルコース→　ア　→乳酸」の過程は何と呼ばれるか。

問3　酵母菌が行う「グルコース→　ア　→エタノール」の過程は何と呼ばれるか。

問4　ミトコンドリアで行われる過程はどれか，A〜E からすべて選べ。

問5　最も多くの ATP を生成する過程はどれか，A〜E から1つ選べ。また，その過程の名称を記せ。

問6　呼吸の過程で，生じた電子を最終的に受け取るものはどれか，次から1つ選べ。
① 酸素　　② クエン酸　　③ NAD^+　　④ ADP

問7　透過型電子顕微鏡で観察されるミトコンドリアの模式図を描き，次の5つの名称を指示線を用いて図中に記入せよ。

名称：外膜，内膜，膜間腔，クリステ，マトリックス

〈東京歯大〉

48　光合成

　植物は右の図で示した細胞中の　ア　と呼ばれる粒状の細胞小器官で光合成を行う。　ア　は内部に　イ　と呼ばれる膜構造が発達している。　イ　には　ウ　などの光合成色素が存在する。　イ　が層状に重なった部分を　エ　といい，その間を埋めている基質部分を　オ　という。

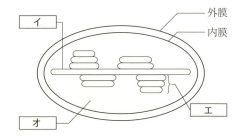

図：　ア　の内部構造

　光合成では，まず[a]光エネルギーが　ウ　などの光合成色素に吸収される。その反応にともなって，[b]水が分解され　カ　が発生する。その際，[c]ADP とリン酸から　キ　が合成される。生じた　キ　のエネルギーを用いて気孔から取り込んだ[d]　ク　を固定して　ケ　などの有機物を合成する。この有機物は植物の生命活動のエネルギー源となる。

問1　文中および図中の空欄に最も適する語をそれぞれ答えよ。

問2 下線部a〜dは，それぞれ図の   イ   と   オ   のどちらで起こるか，それぞれ記号で答えよ。

〈福山大〉

49 **窒素代謝**

植物は空気中の窒素(N_2)を直接利用することができない。しかし，アゾトバクターやクロストリジウムなどの細菌は，_a空気中の窒素を取り込み，NH_4^+に還元して利用することができる。また，   ア   科植物の根と共生する   イ   は，空気中の窒素を取り込み，還元してNH_4^+に変え，   ア   科植物は_bそれを用いて有機窒素化合物を合成している。次の図は，これらの生物がかかわる窒素の流れを模式的に示したものである。

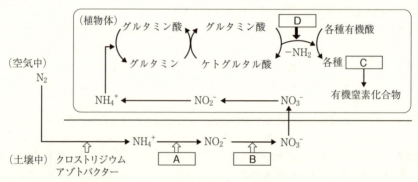

問1 文中の   ア   と   イ   に入る最も適当な語句を記せ。

問2 下線部aとbのはたらきをそれぞれ何というか。

問3 図中の   A   ，   B   に入る生物名を記せ。

問4   C   に入る物質名および，   C   がつくられるときにはたらく酵素   D   の名称を記せ。

問5 植物が合成する有機窒素化合物の名称を1つ記せ。

〈京都光華女大〉

50 核酸の構造

DNAやRNAなどの核酸は，糖とリン酸と塩基が結合したヌクレオチドを単位とする。ヌクレオチドの糖に含まれる炭素には，酸素原子を基準に何番目の位置にあるかで1′から5′までの番号がつけられている。塩基は1′の炭素に，リン酸は5′の炭素に結合している。

核酸を構成するヌクレオチド鎖はヌクレオチドどうしが糖とリン酸の部分で多数結合したものである。よって，ヌクレオチド鎖の一方の端はリン酸で，他方の端は糖である。このように，核酸には方向性があり，リン酸側の末端は　ア　末端，糖側の末端は　イ　末端と呼ばれる。

ヌクレオチドが結合してヌクレオチド鎖をつくるときは，リン酸を3つもつヌクレオチドが材料になる。これはヌクレオシド三リン酸と呼ばれ，ATPもヌクレオシド三リン酸の一種である。つまりリン酸間の結合は　　　結合で，結合が切られるときにはエネルギーが放出される。ヌクレオチド鎖伸長の際には，ヌクレオシド三リン酸のリン酸が2つ外され，放出されるエネルギーを用いて，ヌクレオチド鎖の　ウ　末端の糖に結合する。よって，ヌクレオチド鎖は　エ　→　オ　方向にのみ伸長する。

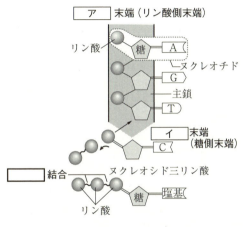

問1　図を参考にして，文中の　ア　～　オ　に1′～5′の適切な番号を答えよ。

問2　文中の空欄　　　に最も適切な語を答えよ。

51 DNA の複製法

DNA の複製について，次の問いに答えよ。

問1　DNA の複製に関する記述として，最も適切なものはどれか，次から1つ選べ。

① もとの2本鎖DNAをそのままにして，新しい2本鎖DNAを別につくる。

② もとの2本鎖DNAを断片化して，新たにつくり直す。

③ もとの2本鎖DNAが1本ずつ分離し，それぞれが新しく合成された鎖といっしょになって2本鎖DNAをつくる。

問2　メセルソンとスタールにより解明された，DNA の複製法を何と呼ぶか答えよ。

〈千葉工大〉

第4章　生命現象と物質

52 DNA の複製反応

細胞内での DNA の複製について誤っている記述を, 次から1つ選べ。

① DNA の複製は特定の部位から開始される。

② 連続的に合成される鎖をリーディング鎖, 不連続的に合成される鎖をラギング鎖という。

③ ラギング鎖では, 5′→3′ 方向に岡崎フラグメントが合成される。

④ DNA リガーゼは新しく合成されたヌクレオチド鎖どうしを連結する。

⑤ DNA ポリメラーゼは塩基間の水素結合を切断し, DNA 鎖を部分的にほどく。

⑥ 複製の開始点には, 最初に短い RNA 鎖が合成され, そこに新しいヌクレオチド鎖が結合する。

53 遺伝子発現

翻訳は DNA からつくられた ア の情報をもとに イ を合成する過程である。 ア は イ を構成する ウ を指定する情報をもっており, ア を構成するヌクレオチド鎖中の3つの連続した エ 配列すなわち オ が ウ を指定する。

翻訳には ア のほかにも カ や キ が必要である。 カ は ウ を連結する役割をもつ細胞小器官である。また, キ は オ に相補的な ク と呼ばれる エ 配列をもち, 対応した ウ を ア まで運ぶ。

問1 ア ～ ク に適する語を答えよ。

問2 ウ を連結する際に形成される結合の種類を答えよ。

問3 オ は全部で何通りあるか答えよ。

問4 オ の中には ウ と対応しないものがある。これは何と呼ばれるか答えよ。

〈昭和大〉

54 原核生物の遺伝子発現調節

原核生物の転写調節について述べた次の文および図の空欄に入る最も適切な語を, 下の[語群]から1つずつ選び, 記号で答えよ。

原核生物では, 遺伝子の発現を調節するしくみは比較的単純である。転写, すなわち RNA 合成は, 酵素である RNA ポリメラーゼが, DNA 上の ア と呼ばれる領域に結合することで開始する。調節遺伝子の産物である イ と呼ばれるタンパク質は, DNA 上の ウ と呼ばれる領域に結合する。 イ が ウ に結合すると, RNA ポリメラーゼは ア に結合することができず, 転写が抑制される。原核生物では複数の遺伝子群が1つの ウ によりまとめて転写するかしないかの調節を受けており, まとめて調節を受ける遺伝子群を エ という。同一の エ に属する遺伝子群は, 機能的に関連性の高いものが多い。

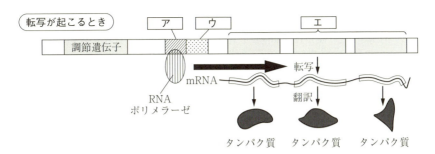

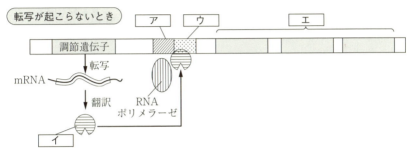

[語群]　① イントロン　　② エキソン　　③ オペレーター
　　　　 ④ オペロン　　　 ⑤ ゲノム　　　 ⑥ スプライシング
　　　　 ⑦ プロモーター　 ⑧ リプレッサー

55 **真核生物の遺伝子発現調節**

次の文の空欄に入る最も適切な語を，下の[語群]から1つずつ選べ。

真核細胞において，転写は核内で行われる。遺伝子には，転写開始部位の近くに，転写の開始を決定する領域が存在する。この領域は　ア　と呼ばれ，転写が開始される際には　イ　と呼ばれるタンパク質複合体が結合する。転写は，　イ　と，それを認識した　ウ　がDNAに結合し，　イ　・　ウ　・DNAの複合体が形成されることで開始される。

　ウ　は，二重らせん構造が開裂されて1本鎖となった一方のヌクレオチド鎖に　エ　なRNAのヌクレオチド鎖を合成する酵素である。このとき，　ウ　は，　オ　と同じようにRNAのヌクレオチド鎖を5′→3′の方向に合成していく。

RNAに転写される鎖を　カ　，されない鎖を　キ　という。2本鎖のどちらが　カ　となるかは遺伝子ごとに決まっており，1本の鎖全体には　カ　と　キ　の両方が存在する。

真核生物では，多くの場合，RNAの合成後に核内でそのヌクレオチド鎖の一部が取り除かれることが知られている。このとき取り除かれる部分に対応するDNA領域を　ク　，それ以外の部分を　ケ　という。

転写の際には，　ク　を含めたすべての塩基配列が転写され，　コ　が合成され

る。次に，　コ　から　ク　に対応する部分が取り除かれ，隣り合う　ケ　の部分が結合されて　サ　（成熟　サ　）がつくられる。この過程は，　シ　と呼ばれる。
　　　シ　の際，取り除かれる部位が変化することによって，ある遺伝子の転写によってつくられた1種類の　コ　から2種以上の　サ　が合成されることがある。このような現象は，　ス　と呼ばれる。

[語群]　アンチコドン　　　　　RNA ポリメラーゼ　　　　コドン
　　　　DNA ポリメラーゼ　　　プロモーター　　　　　　スプライシング
　　　　mRNA 前駆体　　　　　センス鎖　　　　　　　　イントロン
　　　　アミノ酸　　　　　　　mRNA　　　　　　　　　アンチセンス鎖
　　　　相補的　　　　　　　　選択的スプライシング　　基本転写因子
　　　　エキソン

〈松本歯大〉

56 PCR 法

　PCR 法では3段階の反応を1サイクルとして，そのサイクルを繰り返すことにより目的とする特定の DNA 鎖を何十万倍にも増幅させることができる。PCR 法について，以下の問いに答えよ。

問1　PCR 法の1段階～3段階のそれぞれの反応についての記述として，最も適切なものを下から1つずつ選べ。
(1)　1段階目
(2)　2段階目
(3)　3段階目
　①　鋳型の DNA 鎖と相補的な塩基配列をもつプライマーを結合させる。
　②　DNA ポリメラーゼによるヌクレオチド鎖の伸長を行う。
　③　2本鎖 DNA を1本鎖に分離する。

問2　1段階目～3段階目のそれぞれの反応温度が左から順に並んでいる組合せとして最も適切なものを，次から1つ選べ。
①　60℃→70℃→95℃　　　②　60℃→95℃→70℃
③　70℃→60℃→95℃　　　④　70℃→95℃→60℃
⑤　95℃→60℃→70℃　　　⑥　95℃→70℃→60℃

問3　PCR 法に用いる DNA ポリメラーゼの特徴の説明として最も適当なものを，次から1つ選べ。
①　DNA の特定の塩基配列を認識し，切断する酵素である。
②　高い圧力にも耐えられる酵素である。
③　5′→3′ 方向，3′→5′ 方向いずれにも DNA を伸長させられる酵素である。
④　100℃近い熱にも耐えられる酵素である。

〈北里大〉

57 遺伝子組換え

特定の遺伝子を ア で切断し，別の生物の遺伝子の中に イ を用いて組み込んで，遺伝子の新しい組合せをつくることを遺伝子組換えという。大腸菌には大腸菌DNAとは別の ウ という小さな環状DNAがあり，遺伝子を組み込んで運ぶために用いられている。このように，遺伝子を運搬するものを エ という。

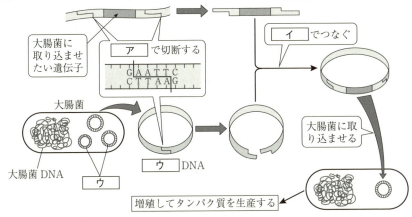

問 文中および図中の空欄に入る最も適切な語を，それぞれ[語群]から1つずつ選び，記号で答えよ。

[語群] ① DNAポリメラーゼ ② 脱水素酵素 ③ ベクター
④ DNAリガーゼ ⑤ オペレーター ⑥ 制限酵素
⑦ プライマー ⑧ プラスミド ⑨ ゲノム

第5章 生殖と発生

9 生殖と発生

58 遺伝子と染色体

真核生物の DNA は ア と呼ばれるタンパク質に巻きついて イ を形成し、さらに イ が規則的に積み重なった ウ 繊維と呼ばれる構造をつくっている。細胞分裂の際には、それぞれの ウ 繊維が何重にも折りたたまれて、太く短いひも状の エ となる。

ある動物の生殖細胞がもつすべての遺伝情報を オ という。ヒトは生殖細胞である精子と卵が受精して受精卵が生じ、体細胞分裂を繰り返すことで1個体を生じる。よって、すべての体細胞は カ 組の オ をもっている。体細胞分裂では、細胞が分裂する前に、DNA は キ され、分裂して娘細胞に ク に分配される。一方、精子や卵をつくる ケ 分裂では、分裂後に エ 数が コ し、DNA 量も コ する。

問1 上の文中の空欄に最も適当なものを、次から1つずつ選べ。

① 減数　　　　　② 半減　　　　　③ 均等　　　　　④ 不均等
⑤ 生殖細胞　　　⑥ 複製　　　　　⑦ 転写　　　　　⑧ ゲノム
⑨ 染色体　　　　⑩ クロマチン　　⑪ ヒストン
⑫ ヌクレオソーム　⑬ ヌクレオチド　⑭ 1
⑮ 2　　　　　　⑯ 4

問2 体細胞分裂直後のヒトの体細胞には何本の エ が存在するか、1つ選べ。

① 22本　　　② 23本　　　③ 44本　　　④ 46本

59 減数分裂

減数分裂と呼ばれる細胞分裂では、 ア 回の連続した分裂が起こり、1個の母細胞から イ 個の娘細胞ができる。第一分裂の前期には、相同染色体どうしが ウ して、2本の染色体からなる エ ができる。このとき、相同染色体が交叉し、その一部を交換する オ が起こることがある。

問1 文中の空欄に最も適切な語句・数値を答えよ。

問2 減数分裂によって生じる娘細胞の染色体数は、母細胞の染色体数と比べてどのようになっているか。最も適当なものを、次から1つ選べ。

① 母細胞の $\frac{1}{4}$　　② 母細胞の $\frac{1}{2}$　　③ 母細胞と同数

④ 母細胞の2倍　　⑤ 母細胞の4倍

問3 染色体数 $2n=6$ の母細胞から減数分裂によってできる娘細胞がもつ染色体の組合せは何通りになるか、次から1つ選べ。ただし、染色体の交叉は起こらないとする。

① 2通り　　② 4通り　　③ 6通り　　④ 8通り　　⑤ 12通り

〈奥羽大〉

60 生殖法

問1 無性生殖の種類とその説明および無性生殖で繁殖する生物の組合せとして正しいものを，次の解答群の表から1つ選べ。

	生殖方法	生殖方法の説明	生物名
①	胞子生殖	細胞分裂によって形成された胞子が，単独で発芽して新個体を形成する	ゾウリムシ
②	胞子生殖	新個体からべん毛をもつ配偶子がつくられ，そのうちの2個が融合する	オニユリ
③	出芽	特別な生殖細胞をつくりそれが新個体から離れ単独で発生する	サトイモ
④	出芽	親のからだに小さなふくらみができ，それが成長してもとの個体と同じような新個体を生じる	ヒドラ
⑤	栄養生殖	母体が同じ形，同じ大きさに分かれ，2つの新個体となる	アオカビ
⑥	栄養生殖	体細胞分裂によって増殖した個体から，新個体がつくられる	アメーバ
⑦	分裂	見た目では区別できない配偶子が融合して新個体ができる	酵母菌
⑧	分裂	胞子と呼ばれる生殖細胞をつくり，それが単独で発芽する	イソギンチャク

問2 卵が体外で受精する動物の組合せとして正しいものを，次から1つ選べ。

① アオウミガメ，アオダイショウ，アユ
② イルカ，モンシロチョウ，コイ
③ タコ，モグラ，ブラックバス
④ トビウオ，トノサマガエル，メダカ
⑤ ペンギン，ノコギリクワガタ，フナ

〈中部大〉

61 一遺伝子雑種

ある植物の花には赤花と白花がある。この花の形質は1対の対立遺伝子に支配されている。この赤花純系個体の花粉を白花純系個体のめしべに受粉したところ，雑種第一代(F_1)は，すべて赤花であった。したがって，この植物の ア は，赤花である。また，この植物の赤の遺伝子をA，白の遺伝子をaと表すと，親(受粉前)の赤花の遺伝子型は イ ，白花の遺伝子型は ウ ，F_1の遺伝子型は エ と表すことができる。さらに，F_1を自家受精させて生じた雑種第二代(F_2)では，赤花と白花の割合を最も簡単な整数比で表すと，赤花：白花＝ オ ： カ となった。この場合の遺伝子型の割合は， イ ： エ ： ウ ＝ キ ： ク ： ケ であると考えられる。

問1 文中の空欄 ア にあてはまる最も適当な語句を，次から1つ選べ。

① 対立形質　　② 優性形質　　③ 劣性形質

問2 文中の空欄 イ ～ エ にあてはまる最も適当な語句を，次から1つ選べ。

① AA　　② Aa　　③ aa

問3 文中の空欄 オ ～ ケ に入れるのに最も適当な数字をそれぞれ答えよ。

〈金城学院大〉

62 連鎖と独立

染色体の数は生物種により異なるが，十数本から数十本程度であることが多い。一方，遺伝子の数は染色体の数よりはるかに多い。したがって，1本の染色体には多数の遺伝子が存在する。このように1本の染色体に多数の遺伝子が存在することを連鎖しているという。遺伝子 A と b，a と B が連鎖している場合を示したものが ア であり，A と B，a と b が連鎖している場合を示したものが イ である。

2つの遺伝子 A と B について，$AABB$ と $aabb$ の交配によって雑種第一代(F_1)，$AaBb$ を得た。これら2つの遺伝子が，それぞれ異なる染色体にある場合のF_1を示したものが ウ である。また，このとき，F_1どうしを交配して得られるF_2の表現型，〔AB〕，〔Ab〕，〔aB〕，〔ab〕の分離比は，〔AB〕：〔Ab〕：〔aB〕：〔ab〕= エ になる。

遺伝子 A と B，a と b が連鎖している場合も，$AABB$ と $aabb$ 間のF_1は $AaBb$ と表される。しかし，2つの遺伝子の連鎖が完全ならば，Ab あるいは aB の組合せの配偶子を生じないので，F_1どうしを交配して得られるF_2の表現型，〔AB〕，〔Ab〕，〔aB〕，〔ab〕の分離比は，〔AB〕：〔Ab〕：〔aB〕：〔ab〕= オ となる。連鎖が完全でない場合には，少数であるがAbあるいはaBをもつ配偶子もできる。これは，いくつかの細胞において，相同染色体の間で部分的な交換，すなわち乗換えが起きたためである。乗換えによって染色体内の遺伝子が入れ換わることを組換えという。 カ は組換えを起こした後の染色体のようすである。

問1 文中の空欄 ア ， イ ， ウ ， カ に最も適当なものを，次から1つずつ選べ。ただし，同じものを繰り返し選んでもよい。

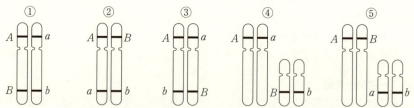

問2 文中の空欄 エ ， オ に最も適するものを，次からそれぞれ1つずつ選べ。

① 1：1：1：1　② 1：0：0：1　③ 7：1：1：7
④ 3：0：0：1　⑤ 9：3：3：1

〈川崎医療福祉大〉

46

63 染色体地図

ある常染色体上で連鎖している3つの遺伝子 A, B および C(それぞれの劣性対立遺伝子は a, b および c)について,それぞれヘテロ接合体と劣性ホモ個体との交配を行い,得られた子の表現型と分離比を調べたところ,右の表の結果が得られた。

親の組合せ	$AaBb \times aabb$			
子の表現型と分離比 $=$	〔AB〕 : 47	〔Ab〕 : 3	〔aB〕 : 3	〔ab〕 : 47

親の組合せ	$BbCc \times bbcc$			
子の表現型と分離比 $=$	〔BC〕 : 21	〔Bc〕 : 4	〔bC〕 : 4	〔bc〕 : 21

親の組合せ	$AaCc \times aacc$			
子の表現型と分離比 $=$	〔AC〕 : 9	〔Ac〕 : 1	〔aC〕 : 1	〔ac〕 : 9

問1　遺伝子 AB 間,BC 間,AC 間の組換え価(%)をそれぞれ求めよ。

問2　連鎖している遺伝子は,遺伝子間の距離が離れているほど組換えが起こりやすい。表の結果をもとに,遺伝子 A, B, C の染色体上の位置の順序を下の図のようにア,イ,ウで表すと,どのようになるか。最も適当な組合せを,次から1つ選べ。

```
         ア                 イ   ウ
- - - - - | - - - - - - - - - | - | - - - - -
```

	ア	イ	ウ			ア	イ	ウ
①	A	C	B		②	C	A	B
③	A	B	C		④	B	C	A

64 ABO式血液型の遺伝

ヒトのABO式血液型には,A型,B型,O型,AB型の4種類の表現型がある。それぞれの型に関する遺伝子の A と B については,優性劣性の関係はなく,それらは遺伝子 O に対してはいずれも優性である。

問1　次のそれぞれの場合について,可能性がある血液型をすべて答えよ。

(1)　両親がいずれもO型のとき,生まれる子どもの血液型。

(2)　AB型とO型を両親とする場合の,生まれる子どもの血液型。

問2　ヒトの血液型に関する遺伝子のように,いくつかの遺伝子が関与する場合を何というか。　　　　　　　　　　　　　　　　　　　　　　　　　　〈名城大〉

65 被子植物の生殖

ナズナでは,花粉がめしべの柱頭につくと発芽し,胚珠に向かって花粉管が伸長する。花粉管内では 　ア 　 が分裂し,精細胞が2個生じる。花粉管が a 胚のうに達すると精細胞は胚のう内に侵入し,1個の精細胞と卵細胞が合体して,受精卵になる。もう1個の精細胞と中央細胞も合体し,胚乳細胞になる。このような現象は b 重複受精と呼ばれる。受精卵は細胞分裂を繰り返して,　イ 　 と 　ウ 　 を形成する。

問1　文中の空欄 　ア 　 に適する語を,次から1つ選べ。

① 花粉母細胞　　② 花粉管細胞　　③ 反足細胞　　④ 助細胞
⑤ 雄原細胞

問2 文中の下線部aに関して，胚のう形成の記述として正しい文を，次から1つ選べ。

① 胚のう母細胞は体細胞分裂をして，1個の胚のう細胞と3個の小さな細胞になる。

② 胚のう細胞は3回の核分裂をして，8個の核をもつ胚のうになる。

③ 胚のうの核のうち，2つの核が卵細胞の核となる。

④ 胚のうの核のうち，3つの核が助細胞の核となる。

⑤ 胚のうの核のうち，3つの核が反足細胞となり，その後中央細胞となる。

問3 文中の精細胞および胚乳細胞の核相の正しい組合せを，次から1つ選べ。

	精細胞	胚乳細胞		精細胞	胚乳細胞		精細胞	胚乳細胞
①	n	n	②	n	$2n$	③	n	$3n$
④	$2n$	n	⑤	$2n$	$2n$	⑥	$2n$	$3n$
⑦	$3n$	n	⑧	$3n$	$2n$	⑨	$3n$	$3n$

問4 文中の空欄 イ ， ウ に適する語の正しい組合せを，次から1つ選べ。

	イ	ウ		イ	ウ		イ	ウ
①	胚	胚柄	②	胚	珠皮	③	胚	種皮
④	胚柄	珠皮	⑤	胚柄	種皮	⑥	珠皮	種皮

問5 文中の下線部bに関して，重複受精を行わない植物を，次から1つ選べ。

① クリ　　　② カキ　　　③ トウモロコシ　　　④ イチョウ

⑤ エンドウ

〈高崎健康福祉大〉

---

66 動物の精子形成

ほとんどの動物では性が分化しており，雄の個体と雌の個体とがある。雄は精巣内で精子をつくる。精子をつくるもとになるおおもとの細胞は ア （核相：2n）と呼ばれ，分化して イ となる。 イ は精巣で ウ を繰り返し，そのうちのあるものは成長して エ となる。このときの核相は オ である。1個の エ は カ の第一分裂，第二分裂を行って キ 個の ク となる。このときの核相は ケ である。 ク はその後，形を変えて精子となる。精子は頭部，中片，尾部からなる。頭部には核と， ク のゴルジ体のはたらきでつくられた コ が含まれる。中片には サ とミトコンドリアが含まれ， サ から伸びた シ が尾部の中を通っている。

問 動物の配偶子形成について，次の文中の空欄にあてはまる語句を，それぞれの解答群から1つずつ選べ。

ア ， イ ， エ ， ク の解答群

① 一次精母細胞　　② 二次精母細胞　　③ 精原細胞　　　④ 精細胞

⑤ 始原生殖細胞　　⑥ 雄原細胞

ウ ， カ の解答群

⑦ 減数分裂　　⑧ 体細胞分裂

オ ， ケ の解答群

⑨ n　　⑩ $2n$　　⑪ $3n$　　⑫ $4n$　　⑬ $5n$　　⑭ $6n$

キ の解答群

⑮ 1　　　⑯ 2　　　⑰ 3　　　⑱ 4　　　⑲ 5　　　⑳ 6

コ ～ シ の解答群

㉑ 先体　　　㉒ 中心体　　　㉓ 微小管　　　㉔ リソソーム　　　㉕ 紡錘糸

〈大阪電気通信大〉

67 動物の卵形成

　動物の卵をつくるおおもとの細胞は，精子形成と同じく始原生殖細胞である。始原生殖細胞は発生の初期から存在し， ア に移動して イ へ分化する。 イ は体細胞分裂を繰り返して増殖し，一部は減数分裂を行う ウ へ分化する。 ウ は減数第一分裂によって大きな エ と，小さな オ とに分かれる。 エ は第二分裂を行い，大きな卵と小さな カ とに分かれる。 オ や カ を生じた部域は キ 極，その反対側は ク 極と呼ばれる。

問1 文中の空欄にあてはまる最も適切な語を，次から1つずつ選べ。

① 一次卵母細胞　　② 植物　　　　③ 子宮　　　　④ 第一極体
⑤ 第二極体　　　　⑥ 端黄卵　　　⑦ 等黄卵　　　⑧ 動物
⑨ 二次卵母細胞　　⑩ 胚のう細胞　⑪ 卵原細胞　　⑫ 卵巣

問2 イ ， ウ ， エ ， オ ， カ の核相として最も適切なものを，次からそれぞれ1つずつ選べ。

① n　　　② $2n$　　　③ $3n$　　　④ $4n$

68 ウニの受精

　次の図は，ウニの受精過程を模式的に示したものである。矢印は時間の経過を示す。

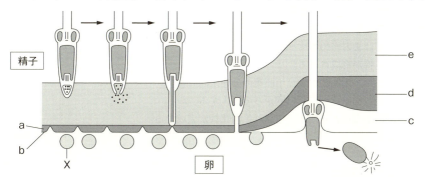

問1 図中のa～eのうち，受精膜はどれか。正しいものを，次から1つ選べ。

① a　　　② b　　　③ c　　　④ d　　　⑤ e

問2 受精膜は何と呼ばれる構造が変化したものか。正しいものを，次から1つ選べ。

① 細胞膜　　② ゼリー層　　③ 先体　　④ 卵膜(卵黄膜)

問3 受精膜の役割を説明する記述として最も適当なものを，次から1つ選べ。

① 精子を卵へ誘引する。
② 精子が卵に進入するのを容易にする。

③　他の精子が卵に進入するのを妨げる。

④　表層粒を形成する。

⑤　膜電位を一定に保つ。

問4　図中の構造部Xの内容物の放出過程と類似した現象として最も適当なものを，次から1つ選べ。

①　神経伝達物質の放出

②　白血球による異物の取り込み

③　植物細胞を高張液に浸したときにみられる原形質分離

④　赤血球でのナトリウムイオンの細胞外への移動

69　ウニの発生

ウニの発生を示す次の図を参考にして，問いに答えよ。

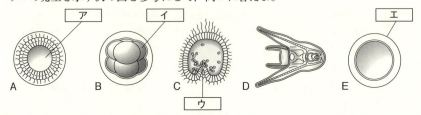

問1　A図〜E図を発生の順に正しく並びかえよ。

問2　A図，C図およびD図は，それぞれ何と呼ばれる発生段階か答えよ。

問3　図の ア 〜 エ の部位はそれぞれ何と呼ばれるか。次から1つずつ選べ。

①　細胞膜　　　②　神経管　　　③　脊索　　　④　胞胚腔

⑤　受精膜　　　⑥　原腸　　　⑦　割球

問4　図Cになると，その前の発生時期に比べてどのような構造の変化が起こるか。次からあてはまるものをすべて選べ。

①　神経管が形成される。

②　外胚葉，内胚葉および中胚葉の分化が起こる。

③　特定の細胞群が内部に向かって陥入する。

④　原口から口と肛門が形成され，消化管が完成する。

〈九州産業大〉

70　カエルの発生

問　カエルの発生に関する次の文を読み，空欄に入る最も適当な語句を答えよ。

カエルの卵は，受精後まもなく，精子が進入した場所と反対側の卵表面に ア と呼ばれる色調の変わった部分が現れる。受精後から始まる細胞分裂を卵割といい，それによって生じる細胞を イ という。カエルの場合，最初の2回の卵割では， イ の大きさがほぼ等しい ウ が起こるが，それ以降は エ が起こる。

卵割が進み細胞数が増えると，胚はクワの実のようにみえる オ と呼ばれるようになり，胚の内部に カ という空所が生じる。さらに卵割が進むと キ 期

になるが，　カ　は，卵黄の量が　ク　い動物極で大きく発達し　ケ　となる。

　　キ　期を過ぎて　コ　期になると，赤道面より少し　サ　極に寄った部分で陥入が始まる。陥入が起こる部分を　シ　といい，陥入によって生じた空所を　ス　という。この時期，胚葉と呼ばれる3種類の細胞群が生じ，このうち　セ　胚葉からは脊つい骨や腎臓が，　ソ　胚葉からは脊髄や脳が，そして，　タ　胚葉からは消化管の上皮などが将来分化する。

　　次の　チ　期になると，平たく厚みを増した胚の背側が変形して管状の　ツ　が形成される。さらに発生が進むと，前後方向に胚が伸びた　テ　となり，やがて，独立生活を営む　ト　と呼ばれる幼生となる。　　　　　　　　　　〈水産大学校〉

71　誘導

　　イモリの初期原腸胚の　ア　のように，胚のほかの領域に作用し分化を引き起こす胚の特定領域を　イ　といい，このような現象を　ウ　という。

　　ウ　は，眼の形成においてよく研究されている。この過程では，最初，植物極側細胞（予定内胚葉）が動物極側細胞（予定外胚葉）に作用し，それを別の組織に分化させ，その分化した部位が　イ　として外胚葉から神経管を分化させる。次に神経管の一部に生じた眼杯は，表皮（外胚葉）に作用し　エ　を形成させ，さらに　エ　が表皮（外胚葉）に作用することで　オ　が形成される。このように胚の各部位がつぎつぎと分化していくことを　カ　という。

問1　文中の空欄に最も適する語句を記せ。

問2　文中の下線に示した現象を何というか記せ。　　　　　　　　　〈名城大〉

72　ショウジョウバエの発生

　　ショウジョウバエの卵の前方には，母性効果遺伝子の一種である　ア　遺伝子のmRNA が局在しており，受精後に翻訳されてタンパク質がつくられると，胚の前後軸決定に重要な役割を果たす。また，胚発生の過程では体節が形成された後にそれぞれの体節から触角や肢，翅などの器官が形成されるが，　イ　遺伝子に突然変異が起こると，からだの一部が別の部分に置き換わってしまう。例えば，　ウ　突然変異体では，触角が形成される位置に肢が形成される。

問　ショウジョウバエの発生に関する上の文中の空欄に入る語の組合せとして正しいものを，次から1つ選べ。

	ア	イ	ウ
①	ビコイド	ホメオティック	バイソラックス
②	ナノス	ペアルール	バイソラックス
③	ナノス	ホメオティック	バイソラックス
④	ビコイド	ペアルール	アンテナペディア
⑤	ビコイド	ホメオティック	アンテナペディア
⑥	ナノス	ペアルール	アンテナペディア

〈北海道科学大〉

73 ABCモデル

被子植物の花は，めしべ，おしべ，花弁，がく片の4種類の部分からなる。これらの部分の花の中での配置パターンは基本的には一定しているが，いろいろな植物で，本来，花弁ができるべき場所にがく片ができる，などといった突然変異体が見出されている。

シロイヌナズナの研究により，花の形態分化を決めている遺伝子と，それらによる制御のしくみが明らかとなってきた。花の形態分化に関与する遺伝子には，遺伝子A，遺伝子B，遺伝子Cの3つがある。一番外側の領域1は遺伝子Aがはたらき，そこに分化する部分が　ア　になるように誘導する。その少し内側の領域2では，遺伝子Aと遺伝子Bがいっしょにはたらいて　イ　の分化を誘導する。さらに内側の領域3では遺伝子Bと遺伝子Cがいっしょにはたらいて，　ウ　の分化を誘導する。そして最も内側の領域4では，遺伝子Cのはたらきにより，　エ　の分化が起き，茎頂分裂組織の活動が終了する。

問1　文中の空欄にはめしべ，おしべ，花弁，がく片のうちのどれが入るか，それぞれ答えよ。

問2　いろいろな突然変異体を調べることにより，遺伝子Aと遺伝子Cは互いにそのはたらきを抑制していることがわかった。例えば，遺伝子Cの機能が欠失すると遺伝子Aが領域3および領域4でもはたらくようになる。遺伝子Aの欠損変異体，遺伝子Bの欠損変異体，遺伝子Cの欠損変異体では，領域1〜4の部分はそれぞれ，めしべ，おしべ，花弁，がく片のどれになるか，それぞれ答えよ。

〈県立広島大〉

74 細胞の分化能

骨髄や　ア　などの組織には，分化する能力を保ちながら増殖する少数の細胞がある。このような細胞を　イ　と呼ぶ。この細胞は条件によってさまざまな細胞に分化する。一方，ヒトや哺乳類初期胚の内部細胞塊からつくられた，さまざまな細胞に分化する能力を保ちながら増殖する培養細胞は，　ウ　と呼ばれる。　ウ　を得るには　エ　を破壊して細胞を取り出す必要があり，倫理面での問題が大きい。そこで，皮膚細胞などに何種類かの遺伝子を導入することにより，さまざまな細胞に分化する能力を保ちながら増殖する培養細胞がつくられ，これを　オ　という。臓器移植の際には拒絶反応が問題となるが，　オ　は自身のからだから得るため，倫理上の問題も少なく拒絶反応も生じないことが期待できる。

問　文中の空欄にあてはまる語句を，それぞれの解答群から1つずつ選べ。

　　ア　の解答群

①　すい臓　　②　じん臓　　③　肺　　④　小腸　　⑤　肝臓

　　イ　〜　オ　の解答群

⑥　人工多能性幹細胞　　⑦　抗体産生細胞　　⑧　胚性幹細胞

⑨　組織幹細胞　　⑩　胚　　⑪　未受精卵

〈大阪電気通信大〉

10　動物の反応と行動

75　ニューロン

　ニューロン(神経細胞)は，核をもつ ア とそこから伸びる多数の突起で構成されている。多数の短い突起を イ ，1本の長く伸びた突起を ウ という。 ウ にシュワン細胞が何重にも巻きついて エ を形成した オ 神経繊維と エ のない カ 神経繊維がある。 エ は電気を通さないため， オ 神経では キ から キ へと飛び飛びに興奮が伝わる ク が起きる。

問　文中の空欄に入る最も適当な語句を，次からそれぞれ1つずつ選べ。

① 閾値　　　　② 細胞体　　　③ 軸索　　　④ シナプス
⑤ 樹状突起　　⑥ 受容体　　　⑦ 髄鞘　　　⑧ 跳躍伝導
⑨ 無髄　　　　⑩ ランビエ絞輪　⑪ 有髄

〈金城学院大〉

76　静止電位と活動電位

　無刺激の状態の神経細胞は，細胞膜を隔てて内側が ア に，外側が イ に荷電している。膜外を基準(0mV)とすると，多くの場合膜内の電位は約 ウ 程度になっており，この電位のことを エ という。興奮の伝達により神経細胞が刺激を受けると，イオンチャネルが開口し細胞内に オ が急速に流入し，膜内の電位は約 カ 程度に変化する。その結果，局所の電流回路が発生する。この電流回路が神経細胞における"興奮の伝導"のしくみである。"興奮の伝導"が行われた後は，直ちに細胞内の キ が流出し，細胞膜内の電位は再び無刺激の状態に戻る。この一連の電位の変化を ク と呼んでいる。

問　文中の空欄に入る最も適切な語句を，次から1つずつ選べ。ただし，同じ番号を何回用いてもよい。

① 活動電位　　② Na^+　　　③ K^+　　　　④ プラス(正)
⑤ マイナス(負)　⑥ 静止電位　⑦ +30mV　　⑧ +30V
⑨ −70mV　　⑩ −70V

〈奥羽大〉

77　興奮の伝達

　ニューロンの軸索の末端は隙間を隔てて他のニューロンや効果器と連絡しており，この部分を ア と呼ぶ。活動電位が軸索末端に到達すると電位依存性の □ チャネルが開き， □ が軸索内に流入する。 □ は神経伝達物質を含む イ と細胞膜とを融合させ，神経伝達物質を細胞外へと放出させる。

　神経伝達物質を受容した隣の細胞では，伝達物質が興奮性の場合には ウ チャネルが開き， ウ が細胞内に流入する。伝達物質が抑制性の場合には エ チャネルが開き， エ が細胞内に流入する。

問1 文中の空欄 ［ ア ］ ～ ［ エ ］ にあてはまる最も適当な語句を，次から1つずつ選べ。

① シナプス ② シナプス小胞 ③ 神経鞘 ④ 髄鞘

⑤ K^+ ⑥ Na^+ ⑦ Cl^- ⑧ e^-

問2 文中の空欄 ［ ］ は，次の特徴をもつ物質である。この物質として正しいものを，下から1つ選べ。

〔特徴〕・筋収縮の際，筋小胞体から放出される。

・骨や歯の成分となる。

・パラトルモンは，体液中のこの物質の濃度を上昇させるホルモンである。

① H^+ ② Mg^{2+} ③ Fe^{2+} ④ Ca^{2+}

問3 下線部の神経伝達物質としてあてはまらないものはどれか。また，運動神経の末端の筋肉と接する ［ ア ］ で放出される神経伝達物質はどれか。下から最も適切なものをそれぞれ1つずつ選べ。

(1) あてはまらない物質

(2) 運動神経の末端から放出される物質

① アセチルコリン ② γ－アミノ酪酸 ③ グリシン

④ グルタミン酸 ⑤ セロトニン ⑥ ノルアドレナリン

⑦ 乳酸

---

78 眼

眼のつくりとそのしくみについて，次の問いに答えよ。

問1 次の文中の空欄にあてはまる語句を，下から1つずつ選べ。

ヒトの眼はカメラに似た構造をしている。カメラのレンズに相当するのが ［ ア ］ で，眼に入った光はフィルムに相当する ［ イ ］ 上に像を結ぶ。

① 強膜 ② 結膜 ③ 網膜 ④ 瞳孔 ⑤ 水晶体

問2 視神経繊維が束になって眼球から出ていく部分では，視神経が網膜を貫いているため視細胞が分布しない。この部分は光が当たっても受容されず，ここに結ばれる像は見えない。この部分を盲斑という。図の ［ 1 ］ ～ ［ 9 ］ から盲斑を1つ選べ。

〈右眼の水平断面を上から見たところ〉

問3 遠近調節のしくみについて，次の問いに答えよ。

(1) 近くのものを見るときのしくみを下の①〜⑧から選び，早いものから順に並べよ。

□ → □ → □ → □

(2) 遠くのものを見るときのしくみを下の①〜⑧から選び，早いものから順に並べよ。

□ → □ → □ → □

① 毛様筋が収縮する　　② 毛様筋が弛緩する
③ チン小帯が引かれる　④ チン小帯がゆるむ
⑤ 水晶体の厚さが増す　⑥ 水晶体が薄くなる
⑦ 焦点距離が短くなる　⑧ 焦点距離が長くなる　　　　　〈奥羽大〉

---

79 耳

ヒトの耳は，外耳，中耳，内耳の3つの部分からなる聴覚器で，外耳に入ってきた音波は ア を振動させる。 ア の振動は，中耳にある3つの イ によって増幅され，内耳の ウ に伝えられる。また，中耳は エ によって オ に通じているために，中耳の空気の圧力は外気と等しくなり， ア は自由に振動することができる。内耳の ウ は外が硬い骨でおおわれ，内部は カ で満たされている。 イ の振動は，この カ に伝えられ， キ の ク を上下に振動させる。この振動は ク の上にある ケ の コ の感覚毛を刺激し，振動に応じた興奮を生じさせる。 ウ を伝わる振動は，振動数が低い音ほど， ウ の奥の方の ク を振動させ，高い音ほど基部に近い ク を振動させるため，音の高さによってどの位置の コ が興奮するかも異なる。この興奮が サ によって大脳の聴覚中枢に伝わると，聴覚が生じる。

内耳には， ウ のほかに シ と ス と呼ばれる平衡感覚器がある。 シ では炭酸カルシウムでできた平衡石が感覚毛を通して感覚細胞を刺激するので，重力の方向と変化を感じることができる。また ス では，その中の カ がからだの回転によって流れ，感覚細胞を刺激し，その結果，回転運動の方向と速さを感知することができる。

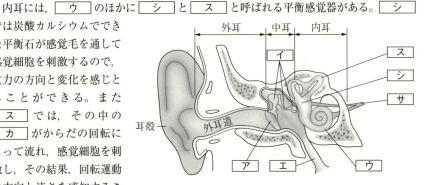

問 文中および図中の空欄にあてはまる語句を，次の①〜⑬から1つずつ選べ。

① 前庭　　　② 基底膜　　③ 耳小骨　　④ うずまき細管
⑤ 咽頭　　　⑥ 半規管　　⑦ 耳管(エウスタキオ管)
⑧ 聴神経　　⑨ 聴細胞　　⑩ 鼓膜　　　⑪ うずまき管
⑫ コルチ器　⑬ リンパ液　　　　　　　　　　　　　〈九州産業大〉

ヒトの大脳には，a視覚・聴覚・皮膚などの受容器の情報を処理する領域や，b体の各部分の随意運動を制御する領域，c記憶・思考・認知などの高度な精神活動に関与する領域などが存在する。

問 文中の下線部a〜cの領域の名称として最も適当なものを，次から1つずつ選べ。

① 運動野　② 感覚野　③ 脳幹　④ 辺縁皮質　⑤ 連合野

〈岡山理科大〉

81 筋肉の構造

骨格筋は，筋繊維と呼ばれる筋細胞からなり，その細胞質には多数の筋原繊維が存在する。この筋原繊維を顕微鏡で見ると，明帯と暗帯が観察される。

骨格筋は運動神経により制御されており，運動神経の末端と筋細胞とがつくる ア において，イ からアセチルコリンが分泌される。ウ の細胞膜にはアセチルコリン受容体があり，これにアセチルコリンが結合すると ウ に活動電位が発生する。ウ に活動電位が発生すると細胞全体に伝わり，それが引き金となって筋細胞の収縮が起こる。

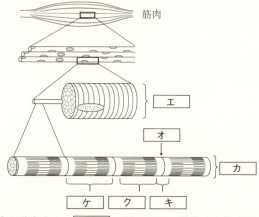

問1 文中の空欄にあてはまる語句の組合せとして最も適切なものを，右から1つ選べ。

	ア	イ	ウ
①	ニューロン	筋細胞	運動神経
②	ニューロン	運動神経	筋細胞
③	シナプス	筋細胞	運動神経
④	シナプス	運動神経	筋細胞

問2 骨格筋の構造を示した上の模式図について エ 〜 ケ にあてはまる名称を，次から1つずつ選べ。

① 筋原繊維　② 筋繊維　③ 明帯　④ 暗帯　⑤ Z膜
⑥ サルコメア（筋節）

〈神戸学院大〉

82 筋収縮のしくみ

骨格筋の筋繊維は ア の細胞で，その中には筋原繊維がつまっている。筋原繊維には明暗の規則的なしま模様が見られる。イ の中央にはZ膜と呼ばれる仕切りがあり，Z膜とZ膜との間をサルコメアという。筋原繊維は2種類のフィラメントが重なりあった構造をしており，その太い方を ウ という。

筋収縮は運動神経によって制御され，運動神経の終末から ア エ が放出され，筋細胞の興奮を引き起こすことで生じる。筋の弛緩時には2種類のフィラメントは結合できない。しかし，筋収縮時には筋小胞体から オ が放出され，トロポニンというタンパク質に結合することによって，2種類のフィラメントが結合できるようになる。

筋収縮時には ATP のエネルギーを利用して， カ 。したがって，サルコメアの長さは短くなるが， キ の長さは変わらない。

問 骨格筋の収縮について，文中の空欄にあてはまる語句を解答群から1つずつ選べ。

ア の解答群

① 無核　　② 単核　　③ 多核

イ の解答群

① 暗帯　　② 明帯

ウ の解答群

① アクチンフィラメント　　② ミオシンフィラメント

エ の解答群

① アセチルコリン　　　② ノルアドレナリン

③ セロトニン　　　　　④ γ－アミノ酪酸

オ の解答群

① H^+　　② Na^+　　③ K^+　　④ Ca^{2+}　　⑤ Cl^-

カ の解答群

① アクチンフィラメントが短縮する

② ミオシンフィラメントが短縮する

③ ミオシンフィラメントがアクチンフィラメントを動かす

④ アクチンフィラメントがミオシンフィラメントを動かす

キ の解答群

① 暗帯　　② 明帯

〈大阪電気通信大〉

83 神経筋標本

神経の興奮と筋肉の収縮について調べるために，カエルのふくらはぎの筋肉に座骨神経をつけたままの神経筋標本を作製し，20℃の室温下で，次の実験を行った。右図に，用いた神経筋標本を模式的に示す。

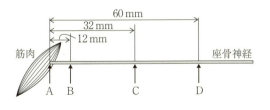

〔実験1〕　筋肉と神経の接合部のA点から12mm 離れたB点に単一の電気刺激を加えたところ，3.5ミリ秒後に筋肉が収縮した。

〔実験2〕　A点から32mm 離れたC点に単一の電気刺激を加えたところ，4.0ミリ秒後に筋肉が収縮した。

問1 興奮の伝導速度(m/秒)を求めよ。

問2 A点に単一の電気刺激を与えると，筋肉は何ミリ秒後に収縮するか。

問3 A点から60mm離れた座骨神経のD点に単一の電気刺激を与えると，筋肉は何ミリ秒後に収縮するか。

84 動物の行動

　動物の行動の中には，遺伝的なプログラムによって決まっている定型的なものがある。これを ア と呼ぶ。この行動は一定の順序で起こることが多く，これら一連の行動を イ と呼んでいる。個体間の情報をやりとりするコミュニケーションも ア の要素を含んでいる。ミツバチが情報を伝える場合に行う ウ はコミュニケーション手段のひとつであり，餌場が近場にあることを知らせる。一方，餌場が遠い場合は エ を行う。

　動物の行動は ア ばかりでなく，生まれてからの経験によって変化することがあり，これを オ と呼んでいる。パブロフはイヌに肉片を与えると唾液の分泌が起こることを利用し，肉片を見せる直前にいつもベルを鳴らすようにすると，やがてベルの音だけでイヌが唾液を分泌することを発見した。このようにもともと無関係だった刺激が結びつくことを カ という。また，スキナーはレバーを押すと餌が出る装置を用いて動物の行動を分析した。このように自分自身の行動と報酬や罰を結びつけて オ することを キ という。また，大脳の発達したヒトやサルでは，感覚器で得られた情報を過去の似た経験と照らし合わせることで状況を判断し，未経験の問題を解決することができる。これを ク という。

問 文中の空欄に入る最も適当な語句を，次から1つずつ選べ。

① 生得的行動　　　　② 知能行動　　　　　③ 8の字ダンス

④ 円形ダンス　　　　⑤ フェロモン　　　　⑥ 学習

⑦ オペラント条件づけ　⑧ 固定的動作パターン　⑨ 古典的条件づけ

⑩ 刷込み

〈群馬医療福祉大〉

11 植物の反応

85 屈性と傾性

刺激を与えられた際に，植物が示す屈曲運動のうち，刺激方向と屈曲方向とに関連性がある場合，この性質を ア という。刺激の方向に向かって曲がる場合を イ の，反対の方向に曲がる場合を ウ の ア という。例えばキュウリの巻きひげは エ 刺激による オ の ア で支柱に巻きつく。

刺激の方向とは無関係に植物が屈曲する性質を カ という。例えばチューリップやクロッカスは キ の，タンポポやスイレンは ク の変化により花弁が開閉するが，これらは花弁の ケ によって生じている。また，オジギソウは接触刺激で葉が折り畳まれるが，これは コ によって生じる。

問 文中の空欄にあてはまる語句を，それぞれの解答群から1つずつ選べ。

ア ， カ の解答群
① 傾性　　② 屈性　　③ 光周性

イ ， ウ ， オ の解答群
① 正（＋）　　② 負（－）

エ ， キ ， ク の解答群
① 重力　　② 光　　③ 接触　　④ 温度　　⑤ 水分

ケ と コ の解答群
① 膨圧運動　　② 成長運動

〈大阪電気通信大〉

86 光屈性

下の図のように，暗室中で育てたマカラスムギの幼葉鞘a〜dを用意し，b〜dの先端には図のように雲母片を差し込んだ。その後，数時間，左側から光を照射した。

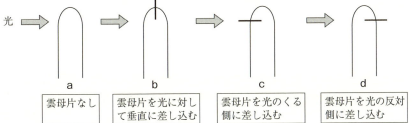

a	b	c	d
雲母片なし	雲母片を光に対して垂直に差し込む	雲母片を光のくる側に差し込む	雲母片を光の反対側に差し込む

問1 実験a〜dの観察結果として最も適当なものを，次から1つずつ選べ。
① 左に屈曲しながら成長した。
② 右に屈曲しながら成長した。
③ まっすぐ上方に向かって成長した。

問2 この実験結果に深く関与している植物ホルモンとして最も適当なものを，次から1つ選べ。
① ジベレリン　　② オーキシン　　③ フロリゲン
④ エチレン　　⑤ サイトカイニン

問3 この植物ホルモンが促進する過程として最も適当なものを，次から1つ選べ。

① 休眠　　　② 頂芽優勢　　　③ 花芽形成　　　④ 果実成熟

⑤ 落葉

〈東京工芸大〉

---

87 植物ホルモンのはたらき

植物ホルモンのはたらきについて述べた次の(1)～(4)の記述に最も適切な植物ホルモンを，下から1つずつ選べ。ただし，同じものを複数回選択してもよい。

(1) この植物ホルモンは種なしブドウ作出に使用される。

(2) この植物ホルモンは未熟な果実の成熟促進作用がある。

(3) この植物ホルモンは種子の休眠や気孔の閉鎖などに関わる。

(4) 植物が食害や病害を受けたときに，酵素合成阻害物質がつくられることがあるが，この植物ホルモンはこの酵素合成阻害物質の生成を誘導する。

① オーキシン　　　② サイトカイニン　　　③ ジベレリン

④ アブシシン酸　　　⑤ エチレン　　　⑥ ジャスモン酸

---

88 花芽形成

植物の花芽形成は，光条件の周期的変動によって影響を受ける光周性を示すことが多い。花芽形成する植物は光周性によって，暗期が一定時間以下のときに花芽形成する　ア　，連続した暗期が一定時間以上のときに花芽形成する　イ　，日長に関係なく花芽形成する　ウ　の3つに大別される。

問1 文中の空欄にそれぞれ適切な語を記せ。

問2 次に示す植物のうち，　ア　と　イ　に分類されるものを，それぞれすべて選べ。

① ホウレンソウ　　　② キク　　　③ ダイコン

④ コムギ　　　⑤ ダイズ　　　⑥ トマト

⑦ キュウリ　　　⑧ コスモス

問3　ア　において花芽形成可能な最長の暗期の長さ，および　イ　において花芽形成に必要な最短の暗期の長さを何と呼ぶか，その名称を答えよ。

〈酪農学園大〉

---

89 種子の発芽と光

植物の種子は休眠することが知られている。この現象はさまざまな気象条件に加えて，　ア　が発芽を抑制しているためと考えられている。種子は発育に適した環境が整うと，休眠から目覚めて発芽する。　イ　やシロイヌナズナなどは発芽に光を必要とするため，光発芽種子と呼ばれ，波長660nmほどの　ウ　が当たると発芽が促進される。

問 文中の空欄にあてはまる語句を，それぞれの解答群から1つずつ選べ。

ア の解答群

① アブシシン酸　　②　エチレン　　③　オーキシン

④ サイトカイニン　⑤　フロリゲン

イ の解答群

① カボチャ　　②　キュウリ　　③　スイカ　　④　メロン

⑤ レタス

ウ の解答群

① 遠赤外光　　②　紫外光　　③　青色光　　④　赤外光

⑤ 赤色光

〈神戸女大〉

90 ホルモンによる発芽調節

コムギの種子の発芽のしくみは次のように考えられている。胚から分泌されたジベレリンが胚乳の周囲の ア にはたらきかけて イ の合成を促進するため、 イ によって胚乳に含まれる ウ が分解されて エ が生産される。 エ は胚に吸収されるため、胚の吸水や呼吸が活発になり発芽にいたる、というものである。

問 文中の空欄にあてはまる語句を、それぞれの解答群から1つずつ選べ。

ア ・ イ の解答群

① アミラーゼ　　②　茎　　③　糊粉層
　　　　　　　　　　　　　　　こ ふん

④ 種皮　　　　　⑤　マルターゼ　　⑥　リパーゼ

ウ ・ エ の解答群

① アルギニン　　②　オルニチン　　③　グリコーゲン

④ グルタミン酸　⑤　糖　　　　　　⑥　デンプン

〈神戸女大〉

91 光受容体

植物の光に対する応答は、光受容体が関与している。植物の光受容体としては、(1) フォトトロピン、(2) フィトクロム、(3) クリプトクロムが知られている。

問1 文中の下線部に関して、(1)〜(3)の光受容体が受容する光を、次から1つずつ選べ。

① 青色光　　②　赤色光・遠赤色光

問2 文中の下線部に関して、フィトクロムおよびクリプトクロムのはたらきとして正しい組合せを、次から1つ選べ。

	フィトクロム	クリプトクロム
①	光発芽種子の発芽調節	茎の伸長成長の抑制
②	光発芽種子の発芽調節	気孔の開口
③	茎の伸長成長の抑制	光発芽種子の発芽調節
④	茎の伸長成長の抑制	気孔の開口
⑤	気孔の開口	光発芽種子の発芽調節
⑥	気孔の開口	茎の伸長成長の抑制

〈高崎健康福祉大〉

第7章 生態と環境

12 | 生物群集と生態系

92 個体群

　ある一定の空間で生活する ア の生物の集団は個体群と呼ばれる。 イ とは，時間経過にともなう個体群における個体数の増加のようすを表すグラフである。ある生物が生活する単位空間あたりの個体数を個体群密度という。ある大きさの容器の中に一定量の培地を入れてゾウリムシを育てた。その際，イ を表すと，a個体群密度ははじめは急速な増加を示した。しかしその後，増加速度が低下し，やがてある一定値に落ち着いた。この一定値を ウ という。以上の観察結果は，b個体群密度の変化にともない個体の生育，あるいは生理的・形態的性質が変化する現象を示す1つの例であり，このような現象は エ と呼ばれる。

問1 文中の空欄にあてはまる最も適当な語句を，次からそれぞれ1つずつ選べ。ただし，同じものを2回以上選んではならない。

① 密度効果　　② 環境収容力　　③ 生存曲線　　④ 異種
⑤ 成長曲線　　⑥ 競争的阻害　　⑦ 閾値　　　　⑧ 同種

問2 下線部aについて，個体群密度は際限なく増加するのではなく，最終的には一定の値に落ち着く。その原因として適切でないものを，次から1つ選べ。

① 食物が不足する　　② 生活空間が不足する　　③ 出生率が増加する
④ 排出物が蓄積する　　⑤ 死亡率が増加する

問3 下線部bについて，この現象を示す例として最も適切なものを，次から2つ選べ。

① ワタリバッタは，幼虫時の個体群密度が低いと，成虫時には短い後肢をもち，単独生活をする。

② ワタリバッタは，幼虫時の個体群密度が高いと，成虫時には長い前翅をもち，群れて生活をする。

③ ゾウリムシとヒメゾウリムシをある容器内で一緒に育て始めたところ，両者とも個体数が増加していったが，途中，ゾウリムシの個体数のみ増加が止まったのちに減少し始めた。

④ ある一定の面積の土地で個体群密度を変えてダイズをまいたところ，その密度に関係なく，単位面積あたりのダイズ収穫量は収穫時にほぼ一定となった。

〈東京薬大，国士舘大〉

93 個体群の変動

　生物における個体群の変動について，次の問いに答えよ。

問1 生物の個体数の変化を表す次ページのようなグラフは何と呼ばれるか。

問2 次の文は，グラフで表されたA型～C型の特徴を説明したものである。それぞれの文に最も適したグラフの型をそれぞれ1つずつ選べ。

(1) 1回の産卵・産子数が最も多い

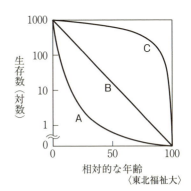

(2) 親の保護が最も厚い

(3) 各齢での死亡率はほぼ一定である

(4) 幼い時期の死亡率が各齢の中で最も高い

(5) 老年になると死亡率が急速に高まる

(6) 初期の死亡率が最も少ない

問3 次にあげた動物の個体数の変化を表している

グラフの型を，A～Cから1つずつ選べ。

(1) ニホンザル   (2) サンマ

(3) カキ   (4) シジュウカラ

(5) ヒト   (6) ヒドラ

〈東北福祉大〉

---

94 生命表

右に，ある仮想動物の生命表を示した。空欄に最も適切な数値を答えよ。

年齢	はじめの生存数	期間内の死亡数	期間内の死亡率(%)
0	1000	ア	イ
1	400	ウ	40.0
2	エ	オ	カ
3	60	60	キ

---

95 個体数の推定法

地域全体の個体数を推定するために，植物や動きの遅い動物などの個体群に対しては ア という方法が使われる。一方，動き回り，行動範囲の広い動物などの個体群に対しては イ という方法が用いられる。

問1 文中の空欄に適当な語句を答えよ。

問2 下線部において，ある池から魚20匹を引き上げ，背びれの一部を切り目印をつけ，再び池に放した。数日後，80匹を捕まえたところ，5匹に目印がついていた。池の中の魚の個体数を推定せよ。ただし，目印がついた個体とその他の個体が均一に混じりあっているとする。

〈久留米大〉

---

96 個体群内の相互作用

個体群について，次の(1)～(5)を表す最も適当な語句を，下の語群から1つずつ選べ。

(1) 餌や生活空間などをめぐる，個体群内での個体どうしの競争

(2) 個体が同種の他個体を排除し，占有する一定の空間

(3) 同種個体間にみられる，優位と劣位の序列

(4) 同種の個体どうしが集まった，統一のとれた行動をする集団

(5) 同種の個体が密に集合したコロニーという集団で生活する性質

[語群]   ① 環境抵抗   ② 寄生   ③ 社会性   ④ 種間競争

      ⑤ 種内競争   ⑥ 順位制   ⑦ 縄張り   ⑧ 群れ

      ⑨ リーダー制   ⑩ 食物連鎖

97 個体群間の相互作用

2つの種AとBの種間相互作用の効果をプラス(+),マイナス(−),ゼロ(0)という記号で表現するとする。このとき,「捕食」は,種Aにはプラスにはたらくが,種Bにはマイナスにはたらくため,上の表のように示すことができる。表中のa〜dの種間相互作用の名称をそれぞれ漢字で答えよ。 〈東邦大〉

	捕食	a	b	c	d
種A	+	−	+	+	0
種B	−	−	−	+	+

98 生産力ピラミッド

ある生態系で生産者と消費者が利用するエネルギー量の生態ピラミッドと光合成で固定されるエネルギー量の関係を右の図で示した。

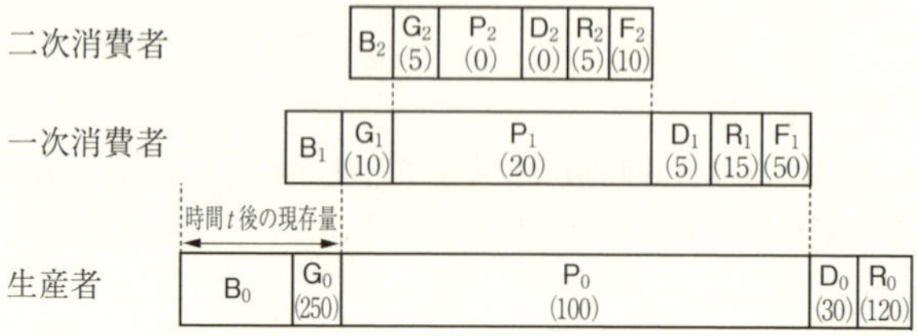

二次消費者 | B_2 | G_2 (5) | P_2 (0) | D_2 (0) | R_2 (5) | F_2 (10)

一次消費者 | B_1 | G_1 (10) | P_1 (20) | D_1 (5) | R_1 (15) | F_1 (50)

時間t後の現存量

生産者 | B_0 | G_0 (250) | P_0 (100) | D_0 (30) | R_0 (120)

〈生態系における各栄養段階のエネルギー量の収支〉

問1　図において,Dは枯死量・死滅量に相当するエネルギー量を示しているが,B,G,P,R,およびFはそれぞれ次のどれに相当するか,1つずつ選べ。

① 成長量　　② 光合成量　　③ 呼吸量　　④ 最初の現存量
⑤ 同化量　　⑥ 被食量　　⑦ 摂食量　　⑧ 不消化排出量

問2　図の(　　)内の数字は,ある湖沼における各エネルギー量(単位：J/(cm^2·年))を示している。この湖沼における次のエネルギー量(J/(cm^2·年))を答えよ。

(1)　生産者の純生産量
(2)　一次消費者の同化量
(3)　二次消費者の生産量 〈工学院大〉

99 生物多様性

問　生物多様性に関して,文中の空欄に適当な語句を答えよ。

地球上の生物は互いに関わりあいながら,複雑な生態系を構成している。生態系を構成する地球上の生命の総体のことを,生物多様性と呼ぶ。生物多様性は,観点の大きいほうから順に　ア　多様性,　イ　多様性,　ウ　多様性の3つの階層に分けられる。　ア　多様性とは,地球上に存在する　ア　の多様性のことで,気温や　エ　といった環境要因と,そこに生息する生物が相互に関わりあって,地域ごとに異なる　ア　が形成される。　イ　多様性とは,ある地域に生息する　イ　の豊富さのことで,　イ　の数と,各　イ　の個体数によって評価できる。　ウ　多様性とは,同種内に含まれる遺伝子の多様性のことであり,種内に含まれる対立遺伝子の数とその頻度,および生物集団の中で,ヘテロ接合になっている個体の割合によって評価できる。

〈福島県医大〉

第8章　生命の進化

13　生命の起源と進化

100　化学進化と生命の誕生

生命の誕生に関する次の問いに答えよ。

問1　地球に最初の生物が出現したのは約　ア　前であると考えられている。空欄に最も適当な年数を次から1つ選べ。

① 46億年　　② 40億年　　③ 26億年　　④ 20億年　　⑤ 6億年

問2　生命の起源に関して，正しくないものを次から1つ選べ。

① 自然発生説とは，生物は自然に発生するという内容だが，19世紀後半にパスツールによって否定された。

② 地球上での生命の誕生を考えるには，無機物からタンパク質や核酸の生成の可能性が示されなければならない。

③ ミラーは，1953年に原始地球の大気を想定した混合ガスに加熱と冷却を繰り返し与え，アミノ酸などの合成に成功した。

④ 生命が誕生する以前の有機物の生成過程を化学進化という。

問3　原始地球において，高い水圧のかかった　イ　の周辺で，無機物から分子量の小さい有機物が合成されたとする説が注目されている。空欄に最も適当な語句を次から1つ選べ。

① 縞状鉄鋼層　　② 大陸棚　　③ 熱水噴出孔　　④ 干潟

問4　始原生物の遺伝子は，遺伝情報と酵素のはたらきをあわせもつ　ウ　であったという説がある。空欄に最も適当な語句を次から1つ選べ。

① DNA　　② RNA　　③ プラスミド　　④ ヌクレオチド

問5　真核生物の細胞の細胞小器官であるミトコンドリアと葉緑体が，大型の細胞の中に好気性細菌やシアノバクテリアが取り込まれて生じたという説は　エ　と呼ばれる。空欄に最も適当な語句を次から1つ選べ。

① 進化説　　② 起源説　　③ 細胞内共生説　　④ 細胞説　　⑤ 変遷説

問6　地層がつくられたころの環境の手がかりとなる化石を　オ　，地層がつくられた時代の手がかりとなる化石を　カ　という。空欄に最も適当な語句を次からそれぞれ1つずつ選べ。

① 示準化石　　② 示相化石　　③ 中間型化石　　④ 微化石

〈東京工科大〉

101　先カンブリア時代から古生代

生命の起源に関するM君と先生との会話を読み，以下の問いに答えよ。

M 「地球は　ア　前にできたと言われています。当時の地球表面は高温のマグマで覆われていて生命が住める環境ではなかったそうです。その後，数億年経って，初めての生物である　イ　が誕生しました。先生，こんな環境なのにどうやって生物が

誕生したのですか？」

先生 「良い質問だね。近世まで，自然発生説が信じられていたのだけど，今はミラーの実験による化学進化説が信じられているよ。続きはどうなるのかな？」

M 「はい。当時まだ空気中に酸素はなかったので，　イ　は周囲の有機物を分解して発酵でエネルギーを得る　ウ　だったと言われています。周囲の有機物が枯渇する前に出現したのが，水と二酸化炭素を原料とし，光エネルギーから有機物を合成する　エ　です。代表的なものに　オ　があります。これによって放出された酸素は水中に溶けて，呼吸が可能な環境がつくられました。その後，約21億年前に出現したのが　カ　です。その後，初めての多細胞生物が海中に出現しました。先カンブリア時代末期になると，多細胞生物が多数出現し始めます。この代表的なものが a エディアカラ生物群です。古生代カンブリア紀になると，より体の硬い生物，無脊椎動物が誕生し，現在みられる動物門のほとんどがそろいます。これを「カンブリア爆発」と言って，バージェス動物群が有名です。b この後，植物や動物が陸上に進出します。」

問1　ア　～　ウ　にあてはまる語句の組合せを，次から1つ選べ。

	ア	イ	ウ		ア	イ	ウ
①	約46億年	原核生物	嫌気性生物	②	約38億年	原核生物	嫌気性生物
③	約46億年	原核生物	好気性生物	④	約38億年	真核生物	好気性生物
⑤	約46億年	真核生物	好気性生物				

問2　エ　～　カ　にあてはまる語句の組合せを，次から1つ選べ。

	エ	オ	カ
①	独立栄養生物	シアノバクテリア	真核生物
②	独立栄養生物	シアノバクテリア	原核生物
③	独立栄養生物	アノマロカリス	真核生物
④	従属栄養生物	シアノバクテリア	真核生物
⑤	従属栄養生物	アノマロカリス	真核生物

問3　下線部aに関して，エディアカラ生物群の特徴として最も適当なものはどれか，次から1つ選べ。
① 光合成を行う生物がはじめて出現した。
② 酸素を用いて呼吸を行う生物がはじめて出現した。
③ 昆虫類がはじめて出現した。
④ 脊椎動物がはじめて出現した。
⑤ 軟体質で骨格や殻をもたない生物である。

問4　下線部bに関して，古生代シルル紀に，コケ類などの植物が陸上でも生活できるようになった。生物が地上に進出するために必要であった環境条件として，最も重要と考えられるものはどれか，次から1つ選べ。
① 降雨が頻発した。
② 光合成に必要な CO_2 が増加した。
③ 種子や花粉を運搬してくれる昆虫などの動物が出現した。
④ オゾン層が形成された。

問5　現在，我々が化石燃料として用いている代表的なものに石炭がある。この石炭は
　　さまざまな年代の植物からできているが，古生代石炭紀の植物からできたものが最も
　　多いと考えられている。この石炭紀の特徴として正しいものはどれか，次から1つ選べ。
　　① 巨大なコケ植物が繁栄していた。　　　② 巨大なシダ植物が繁栄していた。
　　③ 裸子植物が繁栄していた。　　　　　　④ 被子植物が繁栄していた。

〈国士舘大，獨協医大〉

102 中生代

　中生代の地球ではそれまで栄えていたシダ植物にかわり，古生代のデボン紀に出現し
た種子植物のうち，イチョウやソテツなどの　ア　植物が繁栄した。脊椎動物では，
古生代の石炭紀に出現した　イ　類が地球のあらゆる環境に進出し多様に進化した。
　ウ　紀には，陸上において繁栄した恐竜から鳥類が生まれた。6,500万年前の
　エ　紀末には，恐竜などの大型のは虫類がほとんど絶滅する大量絶滅が起こった。

問1　文中の空欄に，最も適切な語句を答えよ。
問2　下線部のとき，海中でも，イカに近縁で中生代の示準化石となっている軟体動物
　　が絶滅した。その動物名を答えよ。

103 新生代

　中生代にはソテツやイチョウなどの裸子植物が繁栄したが，新生代になると白亜紀初
期に出現した　ア　植物が急速に繁栄するようになった。新生代に繁栄する代表的な
脊椎動物は，三畳紀(トリアス紀)に出現した　イ　と，ジュラ紀に出現した　ウ
である。

問1　文中の空欄に，最も適切な語句を答えよ。
問2　新生代の始まりの年代として最も適切なものを，次から1つ選べ。
　　① 260万年前　　② 6600万年前　　③ 2.5億年前　　④ 5.4億年前
　　⑤ 38億年前

104 ヒトの進化

　新生代に入ると，原始　ア　からサルのなかまである　イ　が出現した。　イ
は樹上生活に適応した特徴をもつ。新生代新第三紀の初めごろ，　イ　の中から尾を
もたない　ウ　のなかまが出現した。　ウ　から人類がいつ出現したのかははっき
りとはわかっていないが，　エ　の各地から初期の人類の化石が発見されており，人
類は　エ　で出現したものと考えられている。

問1　文中の空欄に最も適切な語句を，次から1つずつ選べ。
　　[語群]　猿人　　　原人　　　　食虫類　　　類人猿　　　霊長類　　　アフリカ
　　　　　　中国　　　ドイツ
問2　　ウ　でないものを，次から1つ選べ。
　　① テナガザル　　② チンパンジー　　③ ツパイ　　④ オランウータン
　　⑤ ゴリラ

第8章｜生命の進化

問3 ヒトと ウ とを比較したとき，ヒトでのみみられる特徴として正しいものを，次から2つ選べ。

① 大後頭孔の位置が後方に偏っている。
② 眼窩上隆起が発達している。
③ 4本の指が親指と向かい合う拇指対向性がみられる。
④ 骨盤がより左右に広がっている。
⑤ 直立二足歩行を行う。
⑥ 両眼が顔の前面にあり，両眼視による立体視が可能である。

---

105 進化の証拠

ア 器官は，同一の祖先から進化した異なる生物間において，先祖のもっていた共通の器官が生活環境に応じて，異なった形態やはたらきをもつ器官になったと考えられるものであり， イ ， ウ が例としてあげられる。これに対し， エ 器官は，異なる生物間において基本的に異なる起源をもっていると考えられる器官が，生活習性の類似性によって，ともに同じようなはたらきと形態を示す器官になったと考えられる場合であり， オ ， カ が例としてあげられる。また， キ 器官は生物の進化に際して不要になった器官が退化してきているが，まだ消失には至らない場合であり， ク ， ケ が例としてあげられる。

ある生物群がさまざまな生活様式に適応し多様な形態をもつものに進化する現象を コ と呼び サ ， シ が例としてあげられる。また，先祖の異なるグループに属する異種の生物が同じような生活様式に適応することによってよく似た特徴をもつものに進化する現象を ス と呼び セ ， ソ が例としてあげられる。

問 文中の空欄にあてはまる最も適当なものを，それぞれの選択肢から1つずつ選べ。同じものを複数回用いてはならない。

(1) ア ， エ ， キ ， コ ， ス の選択肢
　① 定向進化　　② 相同　　③ 同化　　④ 用不用
　⑤ 異化　　⑥ 適応放散　　⑦ 痕跡　　⑧ 収束進化(収れん)
　⑨ 突然変異　⑩ 相似

(2) イ ， ウ ， オ ， カ の選択肢
　① ヒトの腕と昆虫類のはね　　② サボテンのとげとエンドウの巻きひげ
　③ 昆虫類のはねとコウモリのつばさ　　④ ブドウの巻きひげとエンドウの巻きひげ
　⑤ コウモリのつばさとヒトの腕

(3) ク ， ケ の選択肢
　① クジラの後肢　　② イルカの肺　　③ イカの目
　④ ヒトの虫垂　　⑤ ニワトリの翼

(4) サ ， シ の選択肢
　① モモンガとフクロモモンガ　　② コアラとフクロモモンガ
　③ コアラとカンガルー　　④ コアラとモモンガ

(5) セ , ソ の選択肢

① コアラとナマケモノ　　② フクロネコとタスマニアデビル

③ クマとモモンガ　　④ フクロモモンガとモモンガ

〈中京大〉

106 自然選択による適応進化の例

　被子植物の花にはさまざまな動物が訪れる。ある花には，在来種のあるハチが訪れて蜜や花粉を栄養源として利用し，花はハチのからだに付着する花粉によって受精を行う。この花は細長い花筒をもち，その奥に蜜がたまっている。右の図のように，ハチの細長い口吻（突出した口器）の長さは，花筒の長さとよく一致している。

口吻

花筒

〈花を訪れるハチ〉

　蜜を吸うために花筒の長い花を訪れる昆虫（訪花昆虫）においては，より長い口吻をもつ個体は，花筒の奥の蜜を吸いやすく，生存や繁殖において有利であるため，口吻は長くなる傾向にある。一方，植物においては，訪花昆虫の口吻より ア 花筒をもつ個体は，蜜を吸われやすいが，昆虫のからだに花粉が付着しにくいため，繁殖において イ であり，結果として花筒も長くなる傾向にある。このような種間の相互作用によって生じる進化を ウ という。

問　文中の空欄にあてはまる最も適当なものを，それぞれの選択肢から1つずつ選べ。

(1) ア の選択肢

① 長い　　② 短い

(2) イ の選択肢

① 有利　　② 不利

(3) ウ の選択肢

① 共進化　　② 収束進化（収れん）

〈センター試験〉

107 集団遺伝

集団遺伝について，次の問いに答えよ。

問1　ハーディ・ワインベルグの法則が成りたつ場合，集団内の遺伝子頻度は世代を経ても変化せず，遺伝子頻度が$(A, a)=(p, q)$（ただし$p+q=1$）であるとき，遺伝子型とその頻度は $(AA, Aa, aa)=(p^2, 2pq, q^2)$ となる。この法則が成りたつ条件として誤ったものを次からすべて選べ。

① 遺伝的浮動の影響が大きい。

② 突然変異が起こらない。

③ 個体の移出入がない。

④ 交配が任意ではない。

⑤ 自然選択がはたらかない。

問2　ハーディ・ワインベルグの法則が成りたつある茶色い羽毛の鳥の集団に，白い羽毛をもつ個体が4％含まれている。この白色の羽毛は劣性形質であり，一組の対立遺伝子によって生じる。

(1)　この集団の中で，羽毛を茶色にする遺伝子の遺伝子頻度を求めよ。

(2)　この集団の中で，羽毛を茶色にする遺伝子をヘテロ接合体としてもつ個体の割合を求めよ。ただし単位はパーセント(％)とする。

〈東邦大〉

108 分子系統樹

　異なる生物種間の系統関係や共通の祖先から分かれた年代は，相同なタンパク質のアミノ酸配列や遺伝子の塩基配列を比較し，その置換速度が一定であると仮定し推定できる。また，その結果をもとに類縁関係を表した図を分子系統樹という。右の表は3種類の生物種についてある相同なタンパク質を比較したもので，表中の数値はアミノ酸が異なっている場所の数(置換数)を表している。

	生物種X	生物種Y	生物種Z
生物種Y	17		
生物種Z	69	66	
生物種W	26	29	71

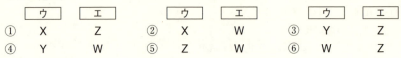

　右の図は，表の値を用いて作成した分子系統樹である。　ア　～　エ　には生物種X～Wのいずれかが，α～γにはアミノ酸置換数が入る。

問1　図中の　ウ　と　エ　に入る生物種の組合せとして最も適当なものを，次から1つ選べ。

	ウ	エ		ウ	エ		ウ	エ
①	X	Z	②	X	W	③	Y	Z
④	Y	W	⑤	Z	W	⑥	W	Z

問2　図中のβに入るアミノ酸置換数として最も適当なものを，次から1つ選べ。

① 5　　② 9　　③ 14　　④ 21　　⑤ 26　　⑥ 34

〈獨協医大〉

第9章

生物の系統

14 生物の系統

109 分類階級

　1735年，　ア　は「自然の体系」を著し，生物の種が分類の基本単位であることを提唱した。形質が似た種の生物は　イ　というグループにまとめられ，さらに似た　イ　を集めて科というグループにまとめられる。同じように，さらに高次のグループとして　ウ　，綱，　エ　，界，ドメインなどが置かれている。

　ア　は種の名前のつけ方を確立し，生物を特定のグループに分類する体系をつくった。この方法に基づいて生物は学名が与えられ，例えば，日本の国鳥であるトキは *Nipponia nippon*，主要穀類であるイネは *Oryza sativa* といったように　オ　語で表記される2つの単語で名づけられる。はじめの単語は　カ　，2番目の単語は種を特定する　キ　を意味する。

問1　文中の空欄に適切な語句を答えよ。

問2　下線部の命名法を答えよ。

〈富山県大〉

110 3ドメイン説

　細胞の構造に着目すると，生物は，　ア　生物と　イ　生物に二分される。しかし，DNAの　ウ　配列に基づいた系統解析によって，　ア　生物には2つの異なる系統の生物群が存在することが明らかになってきた。さらに，ウーズらが，すべての生物がもつ　エ　RNAの解析結果から，右図のような3つのドメインに分ける方法（3ドメイン説）を提唱した。

ドメインA　　ドメインB　　ドメインC

共通の祖先

問1　文中の空欄に適語を入れよ。

問2　図中のA～Cの各ドメインの名称を答えよ。

問3　この3ドメイン説に基づくと，次の生物はどのドメインに属するか，図中のA～Cの記号で答えよ。

① アメーバ　　② イチョウ　　③ メタン菌　　④ 大腸菌
⑤ ゾウリムシ　　⑥ 超好熱菌

〈東北福祉大〉

111 五界説

　古くから生物は動物と植物の2つに分けて認識されてきた。しかし，多様な生物についての新しい研究成果をもとに，　ア　による三界説や　イ　らによる五界説が提案されてきた。右の図は，　イ　らによる五界説を模式的に示したものである。

問1　文中の空欄に入る科学者名の組合せとして適当

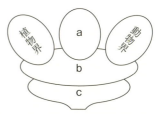

植物界　　a　　動物界

b

c

なものを，次から１つ選べ。

	①	②	③	④	⑤	⑥
ア	リンネ	ホイッタカー	ヘッケル	リンネ	ド＝フリース	ヘッケル
イ	ド＝フリース	リンネ	ホイッタカー	ヘッケル	ホイッタカー	ド＝フリース

問2 図の５つの界のうち，次の(1)および(2)の特徴をもつ界をそれぞれ１つずつ選べ。

(1) 真核生物で，単細胞生物を中心とする生物群

(2) 従属栄養生物で，胞子生殖を行う。体外で栄養分を分解して体内に栄養物を取り入れる生物群

〈同志社女大〉

---

112 植物の分類

植物とは，コケ植物・シダ植物・裸子植物・被子植物からなり，光合成を行い，おもに陸上で生活する多細胞生物である。光合成色素の種類や細胞分裂の特徴，およびDNAなどの情報から，植物の祖先はシャジクモ類であると考えられている。

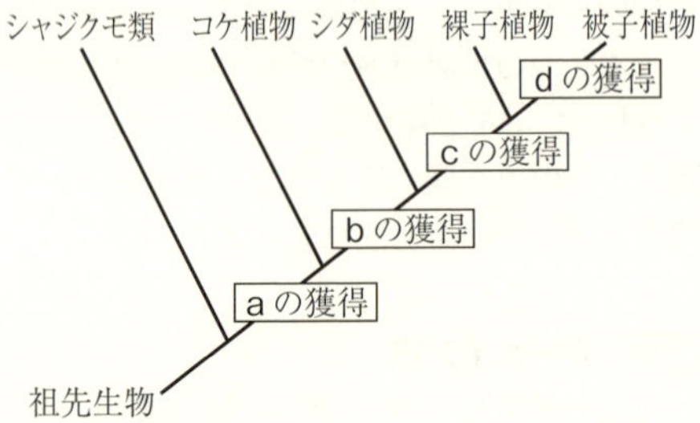

問 右図は植物の系統を示している。

図のa～dに適切なものを，次からそれぞれ１つずつ選べ。

① 維管束 ② クチクラ層 ③ 子房 ④ 種子 〈鳥取大〉

---

113 動物の分類

動物の系統に関する次の問いに答えよ。

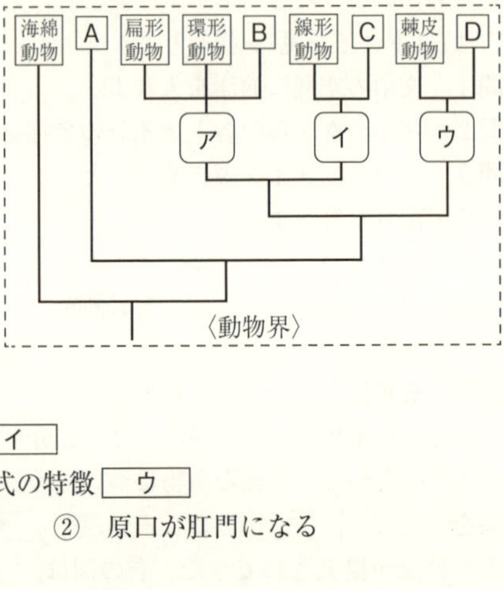

問1 右の図の A ～ D にあてはまる動物を，次の語群から選べ。

[語群] 節足動物 刺胞動物
脊椎動物 軟体動物

問2 次の(1)～(3)の特徴として最も適切なものを，下の①～⑥からそれぞれ１つずつ選べ。

(1) 扁形動物，環形動物および B の多くに共通する特徴 ア

(2) 線形動物と C に共通する特徴 イ

(3) 棘皮動物と D に共通する発生様式の特徴 ウ

① 原口が口になる ② 原口が肛門になる

③ 発生過程でトロコフォア幼生を経る

④ 発生過程でプルテウス幼生を経る ⑤ 成長にともない脱皮を行う

⑥ 胚発生の一時期，もしくは生涯を通じて脊索をもつ

〈高知大〉

目　次

第1章 生物と遺伝子

1 生物の特徴

1 多様性と共通性

③

解説 周囲の温度に対応してからだの温度を調節し一定に保つ性質は，**鳥類と哺乳類に**のみみられ，これらを恒温動物という。

> **Point** すべての生物に共通する性質
> ① からだを構成する単位は**細胞**である。
> ② 遺伝物質として **DNA** を用いる。
> ③ **生殖**により増殖する。
> ④ **代謝**を行い，生じたエネルギーを生命活動に利用する。
> ⑤ エネルギー物質として **ATP** を用いる。
> ⑥ 体内環境を一定に保つ性質(**恒常性**)をもつ。

2 細胞の構造

問1　アー⑦　イー②　ウー⑤
問2　④
問3　①，③，④
問4　②
問5　①

解説 細胞に関しての基本的な問題なので，必ず解けるようにしておこう。

> **Point** 細胞の種類
> **原核生物**：DNA が細胞質に存在する**原核細胞**からなる生物。
> 　例) 大腸菌，乳酸菌，シアノバクテリア(イシクラゲ，ネンジュモなど)
> **真核生物**：DNA が**核膜**に包まれる**真核細胞**からなる生物。
> 　例) 動物，植物，菌類(**酵母**，シイタケなど)

問1　すべての細胞は遺伝物質として **DNA** をもつ。また境界膜として**細胞膜**をもち，内部は液体の**細胞質基質**で満たされている。真核細胞は**核**と，核以外の部分である**細胞質**とからなる。細胞質にはミトコンドリアや葉緑体などの**細胞小器官**や，**細胞質基質**，**細胞膜**などが含まれる。

問2　① すべての原核細胞は，細胞膜の外側に細胞壁をもつ。

② 原核細胞は，ミトコンドリアや葉緑体などの**膜でできた細胞小器官**をもたない。

③ べん毛は，原核細胞からなる大腸菌などだけに存在するわけではなく，真核細胞からなるヒトの精子やミドリムシなどにも存在する。

④　ゾウリムシやミドリムシは単細胞の真核生物であり，大腸菌や乳酸菌は単細胞の原核生物である。

⑤　シアノバクテリアは光合成を行う原核生物である。ただし，**原核生物であるため葉緑体はもたないことに注意しておこう。**

問3　②オオカナダモは被子植物，⑤パン酵母は菌類であり，ともに真核生物である。

問4　①　呼吸はミトコンドリアで行われている。葉緑体では光合成が行われている。

②　**ミトコンドリアや葉緑体は，核の DNA とは異なる独自の DNA をもつ。**これは，進化の過程において，原始的な真核細胞に，**好気性細菌が共生してミトコンドリアが，シアノバクテリアが共生して葉緑体が生じたとする細胞内共生説**で説明される。

③　アントシアンは，液胞に含まれる赤・青・紫色などの色素である。

④　ミトコンドリアは呼吸によって生命活動に必要なエネルギー物質である ATP を合成する。そのため，筋肉の細胞など，**活発に生命活動している細胞には多く含まれる。**

問5　①　細胞質基質に含まれるタンパク質は酵素としてはたらくものが多く，細胞質基質はさまざまな化学反応の場となる。

②　光合成は葉緑体で進行する。

③　遺伝物質である DNA を含み，DNA に記された情報に従って，細胞のはたらきや形態を決定するのは核である。

④　細胞壁は植物や菌類，原核生物の細胞膜の外側に存在し，細胞の保護にはたらく。植物の細胞壁がセルロースやペクチンを主成分とすることも覚えておこう。

⑤　細胞膜は 5 〜10nm 程度の厚さの膜で，細胞膜に埋め込まれて存在するタンパク質が，**細胞内外の物質の移動にはたらく。**

3　ATP

問1　アーリボース　イーアデニン　ウーアデノシン
問2　⑤

解説　問1　**ATP（アデノシン三リン酸）は，リボース（糖）とアデニン（塩基）が結合したアデノシンに，リン酸が3個直列につながったもの**である。

問2　エ−ATP のリン酸とリン酸の間の結合は高エネルギーリン酸結合と呼ばれ，1分子の ATP は高エネルギーリン酸結合を2個（図の2と3）含む。

オ−生命活動には，ATP の末端のリン酸が切り離されて ADP（アデノシン二リン酸）とリン酸が生じる際に放出されるエネルギーが用いられる。

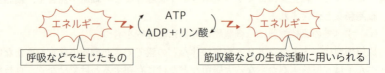

4

4 酵素

問1　④
問2　タンパク質
問3　③

解説　反応の前後で自身は変化せず，かつ反応を促進する物質を触媒という。触媒のうち，タンパク質からなるものを**酵素**，それ以外を**無機触媒**という。過酸化水素の分解$(2H_2O_2 \rightarrow 2H_2O + O_2)$にはたらく触媒のうち，カタラーゼは酵素，酸化マンガン（Ⅳ）は無機触媒である。

Point **過酸化水素の分解**

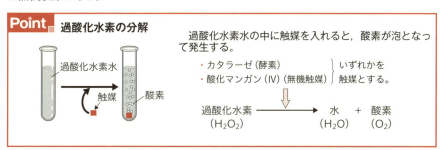

過酸化水素水の中に触媒を入れると，酸素が泡となって発生する。

・カタラーゼ（酵素）　　　　　　いずれかを
・酸化マンガン（Ⅳ）（無機触媒）　触媒とする。

過酸化水素　　　　　　　　水　＋　酸素
(H_2O_2)　　　　　　　　(H_2O)　(O_2)

問1　カタラーゼは，動物・植物・微生物を問わずすべての好気性生物の**細胞内に存在**する。動物では肝臓・腎臓・赤血球に特に多く含まれる。

問2　すべての酵素は**タンパク質**からなる。

問3　過酸化水素の分解で生じる酸素には助燃性があるため，酸素を集めた試験管に火のついた線香を入れると，線香は**炎を上げて燃える**。①は二酸化炭素や窒素を集めた試験管の場合に，②は水素を集めた試験管の場合にみられる変化である。

5 光合成と呼吸

問1　A－③，④　　B－①，②
問2　②
問3　②，④，⑤
問4　①，②，③

解説　問1　光エネルギーを吸収している細胞小器官アは，光エネルギーを利用して光合成を行う**葉緑体**であると判断できる。葉緑体は，光のエネルギーを用いて**二酸化炭素と水**から**有機物と酸素**を生じる。合成された有機物の一部は，ミトコンドリア（細胞小器官イ）に取り込まれ，酸素を用いて二酸化炭素と水にまで分解される。その際に生じたエネルギーにより ATP が合成される。

問2　葉緑体では，まず光エネルギーを用いて ADP とリン酸とから ATP が合成される。次に **ATP を ADP とリン酸へと分解**する際に生じるエネルギーを用いて**二酸化炭素と水から有機物と酸素が合成される**。よって二酸化炭素は消費されるが生成されない

ので①は誤り。また酸素は生成されるが消費されないので③も誤り。ATP は合成・分解ともにされるので②は正しい。

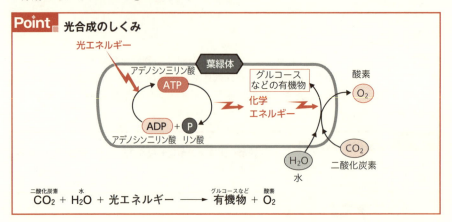

Point 光合成のしくみ

$$CO_2 + H_2O + 光エネルギー \longrightarrow 有機物 + O_2$$

問3　ミトコンドリアでは，有機物が酸素を用いて二酸化炭素と水にまで分解される。その際に生じたエネルギーにより ADP とリン酸とから ATP が合成される。すなわち，ミトコンドリアでの反応は**複雑な物質を単純な物質に分解**する**異化の反応**であるので，①，⑥は誤り，②，⑤は正しい。また**有機物の化学エネルギーを取り出す過程**であるので，③は誤り，④は正しい。

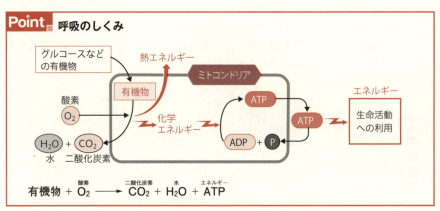

Point 呼吸のしくみ

$$有機物 + O_2 \longrightarrow CO_2 + H_2O + ATP$$

問4　① 光合成・呼吸を含め，生体内での**すべての反応は酵素が触媒として反応を促進**する。

② 光合成では**光エネルギー**が有機物の**化学エネルギー**へと変換される。呼吸では有機物の化学エネルギーが ATP の**化学エネルギー**へと変換される。

③ 光合成では光エネルギーを用いた **ATP 合成が行われる**。呼吸では有機物を酸化した際に生じたエネルギーにより **ATP 合成が行われる**。

2　遺伝子とそのはたらき

> **6　DNA の構造**
> **問 1**　アーヌクレオチド　イーリン酸　ウー糖　エー塩基
> **問 2**　デオキシリボ核酸　　　**問 3**　二重らせん構造
> **問 4**　塩基配列
> **問 5**　2 本のヌクレオチド鎖ではＡとＴ，ＧとＣとが互いに相補的に結合している
> ため。
> **問 6**　30％

解説　**問 1，問 2**　DNA（デオキシリボ核酸）や RNA（リボ核酸）などの核酸は，多数の
　　　ヌクレオチドが連なった鎖状の物質である。ヌクレオチドは糖にリン酸と塩基とが結
　　　合したもので，鎖状になるときにはリン酸と糖とが交互に結合した主鎖から塩基が突
　　　き出した構造をとる。

　　問 3，問 5　DNA は 2 本のヌクレオチド鎖が，突き出した塩基のＡとＴ，ＧとＣとの
　　　間で結合し，ねじれることにより二重らせん構造をとる。なお，ＡとＴ，ＧとＣはそ
　　　れぞれ必ず対になるので，一方が決まると他方も決まる。このような関係を相補的で
　　　あると表現する。

Point　**DNA（デオキシリボ核酸）の構造**

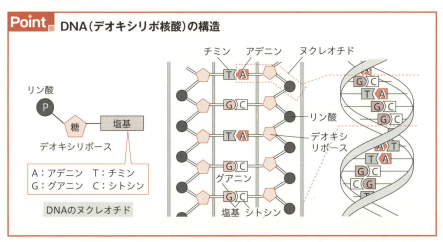

問 4　DNA にはタンパク質合成に関する情報が記されており，これを遺伝情報という。
　　　遺伝情報は 4 種類の塩基の並び順によって記されており，これを塩基配列という。

問 6　DNA 中に含まれるＡとＴの数，およびＧとＣの数は等しい。
　　　よってＡ（％）＝Ｔ（％）＝20％であり，

$$G（\%）＝C（\%）＝\frac{DNA 中の全塩基の割合 － ＡとＴの割合の合計}{2}$$

$$＝\frac{100（\%）－40（\%）}{2}＝30（\%）$$

問1　③
問2　イ−③　ウ−⑥　エ−⑧
問3　②，④

解説　問1　ヒトの遺伝子が**約2万個**であることは覚えておこう。

問2　DNA に記された遺伝情報に従い，タンパク質を合成する過程を遺伝子発現という。遺伝子発現は，**DNA の塩基配列に相補的な mRNA（伝令 RNA）を合成する転写**の過程と，**mRNA の3個の塩基に対応する特定のアミノ酸を連結してタンパク質**を合成する**翻訳**の過程とからなる。すべての生物は遺伝子発現を行うが，タンパク質のアミノ酸配列をもとに RNA をつくったりするような，遺伝子発現と逆の流れの反応は起こらない。どの生物でも情報の流れは「**DNA → RNA →タンパク質**」の一方向であるという原則を**セントラルドグマ**という。

問3　**ゲノム**とは，精子や卵などの生殖細胞に含まれる全 DNA の集合である。よって，精子や卵はゲノムをそれぞれ1セットずつ，精子と卵が受精して生じた受精卵はゲノムを2セットもつ。

①　体細胞は受精卵が体細胞分裂した結果生じたものである。体細胞分裂では，元の細胞（母細胞）と全く同じ塩基配列の DNA をもつ細胞（娘細胞）が生じる。よって，**すべての体細胞は受精卵と全く同じ塩基配列，2セットのゲノムをもつ**。

②　すべての体細胞が同じ遺伝情報をもつにも関わらず，細胞の種類ごとに形態や機能が異なるのは，**細胞ごとに発現する遺伝子が異なり，異なるタンパク質がはたらいているため**である。

③　子は，母からのゲノムだけでなく，父からのゲノムも1セット受けとっている。**よって母親とは異なるゲノム，異なる塩基配列をもつ**。

④　遺伝子は，DNA 中にとびとびに存在しており，DNA 中で遺伝子としてはたらいている部分の割合はとても低い。ヒトでは1%程度と推定されている。なお，真核生物と原核生物を比較すると，原核生物の方が遺伝子部分の割合が若干高い傾向にあることも知っておこう。

問1　あ−⑤　い−⑧　う−⑥　え−⑦　え$_1$−①　え$_2$−②　え$_3$−③　え$_4$−④
問2　え$_1$−(a)　え$_2$−(b)　え$_3$−(e)　え$_4$−(c)

解説　問1　期間は，「G$_1$ 期→ S 期→ G$_2$ 期」の順に進行する。細胞あたりの DNA 量は，DNA 合成期（Synthetic phase）に倍加するので，図1中で DNA 量が倍加しているいが S 期，その前後のあが G$_1$ 期，うが G$_2$ 期。G$_2$ 期に引き続き進行する分裂期（M 期）であるえは，「前期（え$_1$）→中期（え$_2$）→後期（え$_3$）→終期（え$_4$）」の順に進行する。

問2　M 期は，**DNA が凝縮した構造体である染色体がどのような状態になっているか**により「前期〜終期」の各期に分けられる。

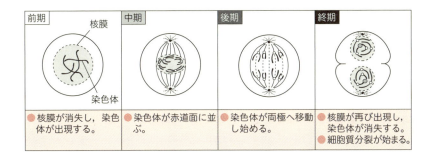

前期	中期	後期	終期
核膜 染色体			
● 核膜が消失し，染色体が出現する。	● 染色体が赤道面に並ぶ。	● 染色体が両極へ移動し始める。	● 核膜が再び出現し，染色体が消失する。 ● 細胞質分裂が始まる。

Point 体細胞分裂の過程

間期：染色体の複製が行われる時期。**核が観察される。**

   G_1期（DNA 合成準備期）

   S期（DNA 合成期）…DNA が合成され，染色体が複製される

   G_2期（分裂準備期）

分裂期（M期）：**染色体の分配**が行われる時期。**染色体が観察される。**

   前期…核膜が消え，染色体が出現する

   中期…染色体が赤道面に並ぶ

   後期…染色体が両極へ移動する

   終期…核膜が出現し，染色体が消失する

---

9 細胞周期

問 1　2.3時間

問 2　(1)　G_1期　　　(2)　G_2期，M期　　　(3)　S期

問 3　G_1期 − 7.0時間　　　G_2期 − 3.2時間

[解説] 問 1　**細胞周期の各期に要する時間の長さと，細胞周期の各期にある細胞の数とは比例関係にある。** 表より，全260個の細胞のうちM期の細胞の数は30個。細胞周期1周に要する時間が20時間であるので，M期に要する時間は，

$$20（時間）\times\frac{30}{260}≒2.30 \ \rightarrow \ 2.3（時間）$$

問 2　細胞周期においてDNA量が最も少ない時期は，細胞分裂終了直後のG_1期。よって，**DNA量が最も少ない相対値1の細胞はG_1期**。G_1期に引き続いてS期にはDNA合成が起こり，DNA量が倍加する。よって，**相対値1～2の細胞はS期**。S期ののち，G_2期を経て，M期の最後にDNAは2個の娘細胞へと分配され，細胞あたりのDNA量は2から1へと半減する。よって，**相対値2の細胞はG_2期とM期**（**Point**参照）。

問 3　「G_1期の細胞＝DNA相対値1の細胞 − 91（個）」なので，**問1**と同様に，G_1期に要する時間は，

$$20（時間）\times\frac{91}{260}=7 \ \rightarrow \ 7.0（時間）$$

となる。

「G₂期の細胞＋M期の細胞＝DNA相対値2の細胞＝72（個）」なので，G₂期とM期に要する時間の和は，

$$20（時間）\times\frac{72}{260}≒5.53 \rightarrow 5.5（時間）$$

となる。

問1より，M期は2.3時間なので，G₂期に要する時間は，

$$5.5-2.3=3.2（時間）$$

となる。

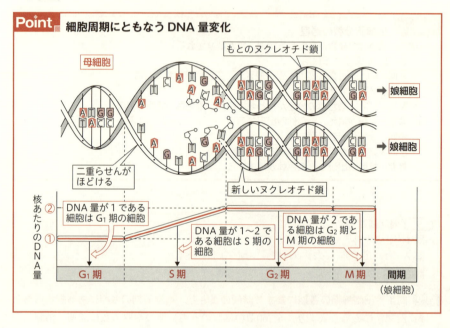

3　体内環境

10 体液

問1　ア—④　イ—⑥　ウ—③　エ—⑩　オ—②　カ—①
問2　③　　問3　②

解説　問1　**体液**(細胞外液)：体内環境(内部環境)とも呼ばれ，体内で細胞間を満たす。
体液は血液，組織液，リンパ液の3つに分けられる。
血液…血管中を流れる。血しょう(55%)と血球(45%)からなる。
組織液…血しょうが**毛細血管**の血管壁からしみ出したもの。
リンパ液…組織液が**毛細リンパ管**の間からしみ込んだもの。

Point **体液の種類とその流れ**

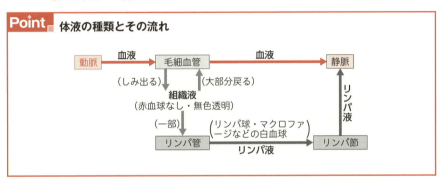

問2　ヒトを含め，哺乳類の赤血球は核やミトコンドリアなどの細胞小器官をもたず，
平均的な真核細胞($10\sim100\mu m$)よりもやや小さい。

問3　血液$1mm^3$中に含まれる各血球の数は，
赤血球(450万〜500万個)＞血小板(20万〜30万個)＞白血球(6000〜8000個)
である。

11 血液循環

問1　ア—③　イ—⑥　ウ—②　　問2　体循環(大循環)
問3　肺循環(小循環)　　問4　(1)　①　　(2)　②　　問5　②，④

解説　問1　肺から肺静脈を経て心臓へ戻った血液は，「左心房→左心室(　ア　)」
の順に流れ，大動脈(　イ　)を経て全身へ酸素を届ける。全身から大静脈を流れて心
臓へ戻った血液は，「右心房(　ウ　)→右心室」の順に流れ，肺動脈を経て肺へ流れる。

問2　**体循環(大循環)**は，全身の組織で血液中の酸素を放出し，血液中に二酸化炭素を
取り込む。

問3　**肺循環(小循環)**は，肺で血液中の二酸化炭素を放出し，血液中に酸素を取り込む。

問4 **肺動脈**は心臓から肺へと向かう，酸素が少なく二酸化炭素が多い血液（静脈血）が流れる血管である。**肺静脈**は肺から心臓へと向かう，**酸素が多く二酸化炭素が少ない血液（動脈血）**が流れる血管である。

問5 ① 静脈と動脈はともに筋肉の層をもつ。筋肉の層をもたないのは毛細血管である。

② 静脈は血液の流れが遅く，逆流を防ぐための弁をもつ。動脈や毛細血管は弁をもたない。

③ 血管壁は，静脈よりも動脈の方が厚い。

④ リンパ液は**鎖骨下静脈**に接続している。つまり，血液・組織液・リンパ液は独立したものではなく，循環しているといえる。

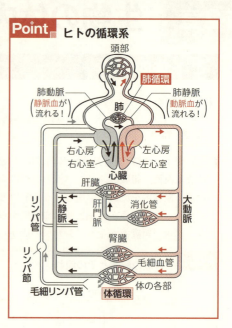

Point ヒトの循環系

Point 血管の種類と構造

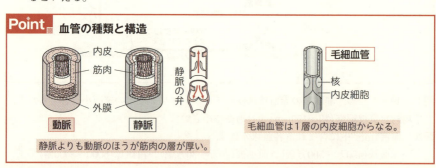

毛細血管は1層の内皮細胞からなる。

静脈よりも動脈のほうが筋肉の層が厚い。

12 酸素運搬
問1 (a)
問2 (1) ⑧ (2) ① (3) ⑥

解説 赤血球中に含まれるヘモグロビンは，酸素運搬にはたらくタンパク質である。

Point ヘモグロビンは酸素と結合して酸素ヘモグロビンとなる

ヘモグロビン	酸素	O_2分圧高，CO_2分圧低 肺	酸素ヘモグロビン
Hb	+ O_2		HbO_2
暗赤色		組織 O_2分圧低，CO_2分圧高	鮮紅色

問1　肺を流れる血液中の二酸化炭素分圧は，筋肉を流れる血液中の二酸化炭素分圧よりも低い。よって二酸化炭素分圧が低い(a)が肺の毛細血管，二酸化炭素分圧が高い(b)が筋肉の毛細血管の血液。

問2　(1)　肺において酸素と結合しているヘモグロビンの割合は，肺の酸素分圧である100mmHg での肺のグラフ(a)の値を読む。

(2)　筋肉において酸素と結合しているヘモグロビンの割合は，筋肉の酸素分圧である30mmHg での筋肉のグラフ(b)の値を読む。

(3)　$\dfrac{筋肉で放出された酸素}{肺から筋肉まで運ばれてきた酸素}\times100(\%)$

$=\dfrac{肺で酸素と結合しているヘモグロビン(\%)-筋肉で酸素と結合しているヘモグロビン(\%)}{肺で酸素と結合しているヘモグロビン(\%)}\times100(\%)$

$=\dfrac{98(\%)-20(\%)}{98(\%)}\times100(\%)=\dfrac{78(\%)}{98(\%)}\times100(\%)\fallingdotseq79.59(\%)$

13　血液凝固

問1　c → b → a → d

問2　⑤

解説　問1　けがをしたときには，出血を抑える反応が次の順序で進む。

1．血小板が，傷口に集まり傷口をふさぐ(c)。

2．血小板などのはたらきにより繊維状タンパク質であるフィブリンが生じる(b)。

3．フィブリンに血球が絡め取られて生じた血ぺいが傷口をふさぐ(a)。

4．血管壁の修復が終わると，血ぺいを取り除く反応(線溶)が起こる(d)。

Point　血液凝固のしくみ

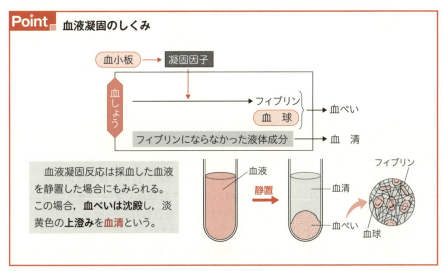

血液凝固反応は採血した血液を静置した場合にもみられる。この場合，血ぺいは沈殿し，淡黄色の上澄みを血清という。

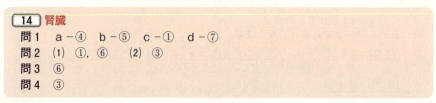

問2　① 血しょう中に最も多く存在するタンパク質。物質運搬などにはたらく。

② すい臓から分泌される，血糖濃度低下にはたらくホルモン。

③ 脳下垂体後葉から分泌される，腎臓での水の再吸収を促進するホルモン。

④ 肝臓で，ヘモグロビンをもとに合成される胆汁の成分。

⑥ 赤血球中に含まれる，酸素運搬にはたらく色素タンパク質。

14　腎臓

問1　a－④　b－⑤　c－①　d－⑦

問2　(1)　①，⑥　　(2)　③

問3　⑥

問4　③

解説　問1　腎臓では尿が生成される。腎動脈から流れ込んだ血液の一部は，**糸球体（b）**から**ボーマンのう（a）**側へ，血圧により**ろ過**される。これによりボーマンのう側へ濾し出されたろ液が**原尿**となる。原尿の成分の一部は，**細尿管（c）**を流れるうちに**毛細血管（d）**側へと再吸収される。再吸収されなかった成分は**尿**として，**腎う**，**輸尿管**を経て**ぼうこう**へと運ばれ，最終的に体外へと排出される。

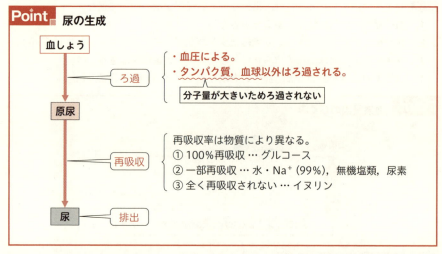

Point　尿の生成

血しょう

・血圧による。
・タンパク質，血球以外はろ過される。
　分子量が大きいためろ過されない

ろ過

原尿

再吸収率は物質により異なる。
① 100%再吸収 … グルコース
② 一部再吸収 … 水・Na^+（99%），無機塩類，尿素
③ 全く再吸収されない … イヌリン

再吸収

尿　排出

問2　(1)　血液中を流れる成分のうち，**血球（①）**と**タンパク質（⑥）**は**ろ過されず，原尿中に含まれることはない**。これは，血球とタンパク質は分子量（≒大きさ）が大きく，ボーマンのうの孔を通過できないためである。それ以外の分子（グルコース，尿素，無機塩類など）は孔よりも小さいため，自由にろ過される。

(2)　健康なヒトでは**グルコースは100%再吸収され，尿中へ出ることはない**。水の再吸収率も高い（99%程度）が，体外へ尿として水が排出されるということは，再吸収率が100%ではないことを意味する。

問3　**イヌリン**はろ過されるが全く再吸収されないため，原尿中の全量が尿中へ排出され，

|← ろ過量 →| |← 排出量 →|

$$(原尿量 \times 原尿中のイヌリン濃度) = (尿量 \times 尿中のイヌリン濃度)$$

という関係が成立する。原尿中のイヌリン濃度は，$0.1(g/100mL) = 1(g/L)$，尿中のイヌリン濃度は，$12(g/100mL) = 120(g/L)$，1日の尿生成量は1.5Lなので，1日の原尿生成量を$X(L)$とすると，

$$X(L) \times 1(g/L) = 1.5(L) \times 120(g/L)$$

より，$X = 180(L)$となる。

問4　1日にろ過された液体（＝原尿）量は180L/日，原尿中の尿素濃度は，

$0.03(g/100mL) = 0.3(g/L)$　であるので，1日にろ過された尿素量（g/日）は，

$$180(L/日) \times 0.3(g/L) = 54(g/日)$$

1日に排出された液体（＝尿）量は1.5L/日，尿中の尿素濃度は，

$2(g/100mL) = 20(g/L)$　であるので，1日に排出された尿素量（g/日）は，

$$1.5(L/日) \times 20(g/L) = 30(g/日)$$

「再吸収量＝ろ過量−排出量」であるので，

$$再吸収量 = 54(g/日) - 30(g/日) = 24(g/日)$$

となる。

15　**肝臓の構造と機能**
問1　ア－肝　イ－肝小葉　ウ－門脈　エ－アミノ酸　オ－ビリルビン
　　　カ－グリコーゲン　キ－アンモニア　ク－尿素　ケ－胆管　コ－胆のう
問2　脂肪を乳化する。
問3　アルブミン，グロブリン，フィブリノーゲン，プロトロンビン などから
　　　2つ

解説　問1　ア，イ－肝臓の構成単位は円柱状をした**肝小葉**で，肝臓は約50万個の肝小葉からなる。1個の肝小葉は約50万個の**肝細胞**からなる。

ウ－毛細血管が合流した静脈を門脈という。**消化管に分布した毛細血管は合流して肝門脈**となり，肝臓へと向かう。小腸では血液中へ栄養分が吸収されるため，**肝門脈には栄養が富んだ血液が流れる。**

エ－消化により，**炭水化物は糖**に，**タンパク質はアミノ酸**にまで分解され，すべて小腸で血液中に吸収される。

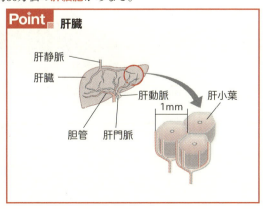

Point　肝臓

肝静脈
肝臓
肝動脈
肝小葉
1mm
胆管　肝門脈

肝細胞　肝動脈
混ざる　肝静脈へ　肝門脈
胆管
中心静脈　類洞　胆細管

肝門脈　肝動脈
類洞
（太い毛細血管）
中心静脈
肝静脈

血液は肝小葉の中心へ向かって流れる。
胆汁は肝小葉の外側へ向かって流れる。

オ－肝臓は**古くなった赤血球を破壊**する機能をもつ。その際，赤血球中の**ヘモグロビ**ンから**ビリルビン**という物質を合成する。肝臓は**胆汁を合成**する機能ももち，ビリルビンは胆汁の成分となる。

カ－肝臓は，グルコースをつなぎ合わせて，**グリコーゲン**という貯蔵型の多糖類を合成する。

キ，クータンパク質は窒素（N）を含む。そのため，**タンパク質を呼吸に用いるとアンモニア（NH_3）が生じる**。アンモニアは神経毒となるため，血液中の濃度が高くなると脳に障害が起き，昏睡状態に陥ることなどがある。そのため，肝臓では**アンモニアを毒性の少ない尿素につくり変える**という**解毒作用**を行う。

ケ－肝小葉を構成する肝細胞が分泌した胆汁は，肝小葉の周囲に位置する**胆管**に集められ，**胆のう**へと運ばれて貯蔵される。

問2　胆汁には**脂肪を水になじみやすくする**はたらきがあり，このはたらきを**乳化**という。脂肪が乳化されることにより，脂肪を分解する酵素（リパーゼ）がはたらきやすくなる。

問3　血しょう中に含まれるタンパク質のうち，**免疫グロブリン以外は肝臓で合成される**（免疫グロブリンは抗体の成分であり，リンパ球であるB細胞が合成する）。

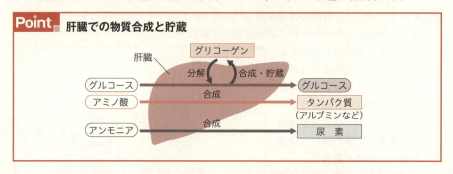

グリコーゲン
肝臓
グルコース　分解　合成・貯蔵　グルコース
アミノ酸　合成　タンパク質（アルブミンなど）
アンモニア　合成　尿素

16 ヒトの中枢神経系

問1　ア－中脳　イ－間脳　ウ－大脳　エ－小脳　オ－延髄

問2　(1)　②　　(2)　③　　(3)　④　　(4)　①

解説 中枢神経系の構造と機能

	はたらきなど
大脳	記憶，判断，感情
間脳	恒常性維持
中脳	姿勢の保持，眼の反射中枢(瞳孔反射，動眼反射など)
小脳	平衡感覚，筋肉運動の調節
延髄	心拍調節，呼吸調節など。生命維持の脳

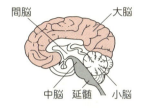

17 自律神経系

問1　ア－①　イ－②　ウ－⑥　エ－③　オ－⑤

問2　⑤，⑥

解説 問1　イ－体内環境を一定に保つ性質を**恒常性**という。**恒常性の中枢は間脳視床下部**にあり，間脳視床下部からの命令は自律神経系と内分泌系により，からだの各部へと伝えられる。

ウ～オ－自律神経のうち，**交感神経はすべて脊髄**から出てからだの各部へ分布する。**副交感神経**は，**中脳，延髄，脊髄**から出る。特に，延髄から出て内臓器官へと分布する副交感神経を**迷走神経**と呼ぶことは覚えておこう。

問2　交感神経と副交感神経は，ちょうどアクセルとブレーキのように**拮抗的に各種器官のはたらきを調節**する。**交感神経は興奮状態をつくりだす**のに対し，**副交感神経は安静状態をつくりだす**。

	①(心拍)	②(発汗)	③(消化管運動)	④(立毛筋)	⑤(瞳孔)	⑥(気管支)
交感神経	促進	促進	抑制	収縮	拡張	拡張
副交感神経	抑制	※－	促進	※－	収縮	収縮

※ 汗腺や立毛筋には副交感神経は分布しておらず，交感神経のみが分布している。

18 内分泌系

問1　ア－外分泌　イ－内分泌　ウ－標的　エ－受容体(レセプター)
オ－フィードバック

問2　②

解説 問1　ア，イ－**外分泌腺**は，**体表や消化管へ汗や涙，消化液などを分泌**する。分泌液は，**排出管を通って体外へと排出**される。一方，**内分泌腺**は，**体液中へホルモンを分泌**する。内分泌は，ホルモンを合成した細胞が細胞外へホルモンを放出することで完了し，排出管は関与しない。

ウ，エ―ホルモンは体液によって全身を巡るが，特定の**標的器官**にしか作用しない。これは，**標的細胞だけがそのホルモンが結合する特定の受容体をもち**，ホルモンは受容体に結合したときにのみ，その効果を発揮するためである。

オ―一般に，**結果がもとに戻って原因に作用するしくみをフィードバック**という。間脳視床下部は，体液中のホルモン濃度が上昇したときには内分泌腺に対して分泌量を減らすように命令を与え，逆にホルモン濃度が減少したときには分泌量を増やすように命令を与える。このように，**結果と逆の方向の命令を与えるフィードバックは負のフィードバック**と呼ばれる。ホルモン濃度の調節など，生体内でみられるフィードバックはほとんどが負のフィードバックである。

問2　**アドレナリン**は副腎髄質から分泌されるホルモンで，**心臓の拍動促進**や，**血糖濃度の上昇**にはたらく。

Point ヒトの内分泌腺とホルモン

内分泌腺		ホルモンの名称		ホルモンのおもなはたらき
視床下部 （間脳）		各種の 放出因子	各種の 抑制因子	・脳下垂体前葉ホルモンの分泌を，促進または抑制
脳下垂体	前葉	成長ホルモン		・成長促進（骨の成長など），血糖濃度を上昇
		➡甲状腺刺激ホルモン		・チロキシンの分泌を促進
		➡副腎皮質刺激ホルモン※		・糖質コルチコイドの分泌を促進
	後葉	バソプレシン		・水分の再吸収を促進（体液の濃度を下げる）
甲状腺		チロキシン		・細胞の呼吸などの代謝を促進
副甲状腺		パラトルモン		・血液中のカルシウム（Ca^{2+}）を増加
すい臓	A細胞	グルカゴン		・グリコーゲンを糖に分解し，血糖濃度を上昇
	B細胞	インスリン		・糖からのグリコーゲンの合成，細胞での糖の分解をそれぞれ促進（血糖濃度を低下）
副腎	皮膚	糖質コルチコイド		・タンパク質を糖に変え，血糖濃度を上昇
		鉱質コルチコイド		・Na^+の再吸収を促進
	髄質	アドレナリン		・グリコーゲンを糖に分解し，血糖濃度を上昇

※副腎皮質刺激ホルモンは，糖質コルチコイドの分泌のみを促進する。
　（鉱質コルチコイドの分泌は促進しない。）

19 フィードバック
問1　チロキシン
問2　②
問3　(1) ③　　(2) ③

解説　問1　甲状腺から分泌される**チロキシン**は，代謝(特に異化)を促進する。

問2　①，③はともに脳下垂体後葉から分泌される**バソプレシン**のはたらき。バソプレシンは，血管の筋肉を収縮させて**血圧を上昇させるはたらき**をもつ。また，腎臓の集合管に作用して，水の再吸収を促進するはたらきももつ。④は副腎皮質から分泌される**鉱質コルチコイド**のはたらき。

問3　**甲状腺刺激ホルモン**は甲状腺からの**チロキシン分泌を促進**する。**甲状腺刺激ホルモン放出ホルモン**は，脳下垂体前葉からの**甲状腺刺激ホルモン分泌を促進**する。高濃度のチロキシンは，**間脳視床下部と脳下垂体前葉からのホルモン分泌に抑制的に作用**する。その結果，**甲状腺からのチロキシン分泌量が低下**し，チロキシン濃度はもとに戻る。

20 血糖濃度調節
問1　②
問2　ア－⑤　イ－⑧　ウ－②　エ－③　オ－⑨　カ－⑨　キ－④　ク－①
　　 ケ－⑥　コ－⑧
問3　a－②　b－①
問4　①
問5　④

解説　問1　血液中のグルコースを**血糖**という。健常なヒトの**血液100mL(＝100g)中**にはグルコースが**100mg(＝0.1g)**程度含まれる。よって血糖濃度は，

$$\frac{グルコース\ 0.1(g)}{血液\ 100(g)} \times 100(\%) = 0.1(\%)$$

問2，問3　**インスリン**と**副交感神経**は**血糖濃度を低下**させるように，**グルカゴン，アドレナリン，糖質コルチコイド，交感神経**は**血糖濃度を上昇**させるようにはたらく。

問4　脳下垂体前葉から副腎皮質刺激ホルモンが分泌されるまでの過程は，次の通り。
　1．間脳視床下部に位置する神経分泌細胞が，副腎皮質刺激ホルモン放出ホルモンを合成
　2．脳下垂体前葉の手前にある毛細血管へ放出ホルモンが分泌される
　3．血液によって脳下垂体前葉に届く
　4．**脳下垂体前葉**からの副腎皮質刺激ホルモンの分泌が促進される

なお，副腎皮質刺激ホルモンは副腎皮質からの**糖質コルチコイド**の分泌だけを促進し，**鉱質コルチコイドの分泌は促進しない**ことも確認しておこう。

問5 アドレナリンとグルカゴンは**グリコーゲンを分解**することで血糖濃度を上昇させるのに対し，糖質コルチコイドだけは**タンパク質からグルコースを新生**することで血糖濃度を上昇させる。

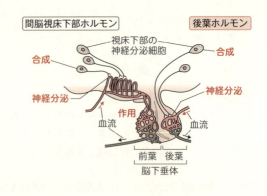

間脳視床下部ホルモン　　　後葉ホルモン

視床下部の神経分泌細胞　合成　神経分泌　作用　血流　神経分泌　血流　前葉　後葉　脳下垂体

Point **血液濃度調節のしくみ**

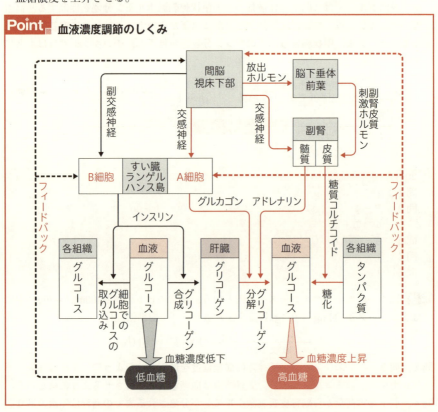

21 体温調節
②

解説 ①，③　副腎髄質から分泌される**アドレナリン**は，**肝臓や筋肉での発熱量を増加**させる。また，糖質コルチコイドは**副腎髄質ではなく副腎皮質から分泌**される。

④　交感神経により発汗が促進されると，汗が乾くときに熱が奪われるため**放熱量が増加する。**

⑤　副交感神経は**汗腺には分布していない。**

Point　**体温調節のしくみ**

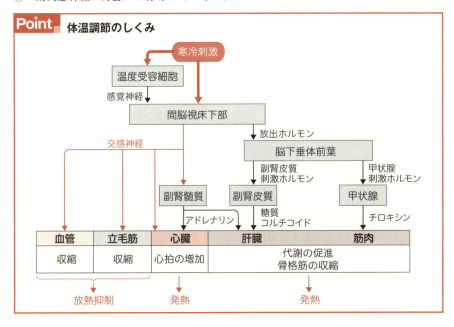

22 硬骨魚の体液濃度調節
④

解説　海水は，海水魚の体液よりも塩類濃度が高い。よって海水魚は，**水が奪われる傾向にある**ので，口から**海水を多量に飲み**，腸で**水を吸収**する。飲んだ海水に含まれる**余分な塩類はえらの塩類細胞で体外へ排出**する。水が不足しがちであるため，**体液とほぼ同じ濃度の少量の尿を排出する**（体液よりも濃い尿を排出する方が水の損失量が少ないが，体液よりも濃い尿をつくるしくみをもたないため）。よって，①～③は正しい。

　淡水は，淡水魚の体液よりも塩類濃度が低い。よって淡水魚は，体内へ浸入してくる水によって**体液濃度が低くなる傾向にある**ので，えらの**塩類細胞では周囲の水から塩類を取り込む**。また，**腎臓では塩類の再吸収を積極的に行う**。よって④は誤りで，⑤は正しい。

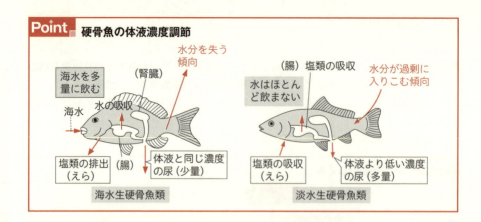

Point 硬骨魚の体液濃度調節

海水生硬骨魚類

- 海水を多量に飲む
- 海水
- （腎臓）
- 水の吸収
- 水分を失う傾向
- 塩類の排出（えら）
- （腸）
- 体液と同じ濃度の尿（少量）

淡水生硬骨魚類

- 水はほとんど飲まない
- （腸）塩類の吸収
- 水分が過剰に入りこむ傾向
- 塩類の吸収（えら）
- 体液より低い濃度の尿（多量）

---

23 **免疫**

問1　①
問2　③
問3　(1)　④　　(2)　免疫グロブリン　　(3) (a)　×　(b)　○　(c)　○
問4　(1)　○　　(2)　○　　(3)　○

解説 問1　②　リゾチームは細菌の細胞壁を分解する酵素である。

③　角質層は，生細胞ではなく死細胞からなる。ウイルスは生細胞にしか感染できないため，死細胞からなる角質層によってウイルスの体内への侵入は阻止される。

④　消化管上皮には繊毛は存在しない。繊毛は気管支の内面に存在し，鼻や口から入り込んだ異物の排出にはたらく。

問2　ヒトの体内で食作用を行うのは，好中球や，単球から分化した樹状細胞やマクロファージである。樹状細胞とマクロファージは，食作用で取り込み消化した異物の情報をヘルパーT細胞へ伝える，抗原提示を行うことも知っておこう。

問3　(1)　①　獲得免疫は，ヘルパーT細胞が樹状細胞やマクロファージから抗原提示を受けることから始まる。よって体液性免疫ではヘルパーT細胞とB細胞がはたらき，細胞性免疫ではヘルパーT細胞とキラーT細胞がはたらく。

②　二次応答は体液性免疫と細胞性免疫のいずれでも起こる。

③　1種類の記憶細胞は，特定の1種類の抗原情報のみを記憶する。

⑤　体内に侵入したウイルスそのものは体液性免疫により排除するが，ウイルスが感染した細胞は細胞性免疫により排除される。

(2)　ヘルパーT細胞により活性化されたB細胞は，抗体産生細胞へと分化し，抗原と特異的に結合する抗体を合成・分泌する。抗体は免疫グロブリンというタンパク質からなる。

(3)　(a)　アレルゲンとは，アレルギーを引き起こす抗原のことを指す。

(b)　アナフィラキシーショックとは，呼吸困難や血圧低下などの全身性の激しいア

レルギー反応のことである。薬剤や毒素だけでなく，そば粉やピーナッツなどの食品により引き起こされることもある。

(c) 自己免疫疾患（自己免疫病）には関節リウマチやⅠ型糖尿病などがある。Ⅰ型糖尿病は，すい臓ランゲルハンス島B細胞が攻撃を受け，インスリンを正常に分泌できなくなったことが原因の糖尿病である。

Point 免疫にはたらく細胞

免疫細胞の種類		おもなはたらきと特徴
好中球		非特異的な**食作用**を行う。 相手を選ばない，ということ
樹状細胞		・非特異的な**食作用**を行う。 ・**単球**から分化する。 ・**樹状**。 ・ヘルパーT細胞に異物の情報を伝える。
マクロファージ		・非特異的な**食作用**を行う。 ・単球から分化する。 ・不定形。 ・ヘルパーT細胞に異物の情報を伝える。
リンパ球	**B細胞**	抗体をつくり，**体液性免疫**にはたらく。
	T細胞	・**胸腺**で分化する。 ・**ヘルパーT細胞**：獲得免疫反応を促進する。 ・**キラーT細胞**：非自己物質を直接攻撃し， 　　　　　　　　　**細胞性免疫**にはたらく。

問4 リンパ球であるヘルパーT細胞，キラーT細胞，B細胞はいずれも特定の抗原にしか反応しない。これは，マクロファージや樹状細胞などの食細胞がどのような種類の抗原にも反応するのと対比して理解しておこう。

Point 自然免疫はいろいろな異物を，獲得免疫は特定の異物を排除する

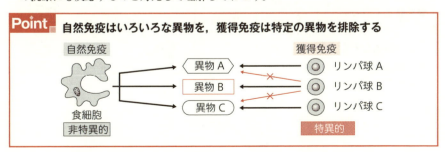

第3章

生物の多様性と生態系

4 バイオームの多様性と分布

24 さまざまな植生

ア-③　イ-⑤　ウ-⑧　エ-⑥

解説 植生：ある場所に生育する植物すべてのまとまり。その土地の気温と降水量の影響を大きく受け，その地域の気候に応じた多様な植生が成立する。

相観：植生の外観上の様相。

優占種：植生の中で，占有している面積が最も大きく，相観を決定づける種。

> **Point** 陸上の植生
>
> 森林：木本が主。降水量が多い地域に成立する。
> 草原：草本が主。降水量が少ない地域に成立する。
> 荒原：植物がほとんどみられない。降水量が極端に少ない地域や，気温が極端に低い地域に成立する。

25 世界のバイオーム

問1　a-⑤　b-⑥　c-⑦　d-⑩　e-⑧　f-⑪　g-⑨　h-②
　　　i-①　j-④　k-③

問2　(1)　ア-⑧　イ-③　ウ-⑤　エ-⑦
　　　(2)　オ-②　カ-①　キ-④　ク-⑧　　(3)　ケ-④　コ-③
　　　(4)　サ-①　シ-③　ス-⑥　セ-④

問3　f

解説 問1　年降水量と年平均気温が決まると，成立するバイオームの種類を特定できる。

問2　バイオーム，気候の特徴などをまとめると次ページの表のようになる。

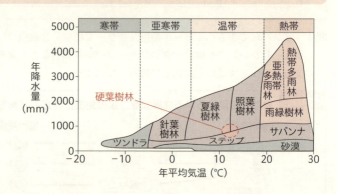

	バイオーム	気候の特徴	植生の特徴	植物例
森林	熱帯多雨林	1年中高温多湿で季節の変動が少ない。	樹高50mをこす常緑広葉樹。つる性植物など種類数は最多。	フタバガキ，ガジュマル
森林	亜熱帯多雨林	熱帯多雨林が成立する地域に比べ，やや気温が低くなる時期がある。	熱帯多雨林に似るが，熱帯多雨林に比べ，樹高がやや低い常緑広葉樹。	アコウ，ヘゴ（木生シダ）
森林	雨緑樹林	雨季と乾季がはっきりしている。	雨季に葉を茂らせ，乾季に葉を落とす落葉広葉樹。	チーク，コクタン
森林	照葉樹林	温帯で，夏に降水量が多く，冬に乾燥する。	クチクラが発達した，光沢のある葉をもつ常緑広葉樹。	スダジイ，タブノキ
森林	夏緑樹林	温帯のうち比較的寒冷。	冬に落葉することで寒さに耐える落葉広葉樹。	ブナ，ミズナラ
森林	針葉樹林	年平均気温が0℃前後。	葉の面積が狭い針葉樹。構成する樹種は極端に少ない。	エゾマツ，トドマツ
森林	硬葉樹林	冬に雨が多く，夏の乾燥が厳しい。	クチクラが発達した，硬くて小さい葉をもつ常緑広葉樹。	オリーブ，コルクガシ
草原	サバンナ	降水量の少ない熱帯。	乾燥に強いイネのなかまが優占，背丈の低い樹木が点在。	アカシア（低木），イネのなかま
草原	ステップ	温帯内陸部の乾燥地域。	イネ科のなかまが優占。	イネのなかま
荒原	砂漠	年降水量が約200mmを下回る。	乾燥に適応した植物がごくわずかに存在。	サボテン類
荒原	ツンドラ	年平均気温が−5℃以下である。	低温のため有機物の分解が進まず，植生がほとんどみられない。	地衣類，コケ植物

問3　木本は葉の形状から広葉樹と針葉樹とに分けられる。森林のバイオームのうち針葉樹が構成樹種であるものは針葉樹林のみで，他のバイオームの構成樹種は広葉樹である。

解説 問1 日本は**全域において降水量が十分**（年1000mm 以上）なので成立するバイオームの種類は年平均気温により決定する。気温はその土地の**緯度**と**高度**によって異なる。

水平分布…緯度（南北）に応じたバイオームの変化

垂直分布…高度（標高）に応じたバイオームの変化

問2 日本には4種類のバイオームが分布する。

Point 水平分布

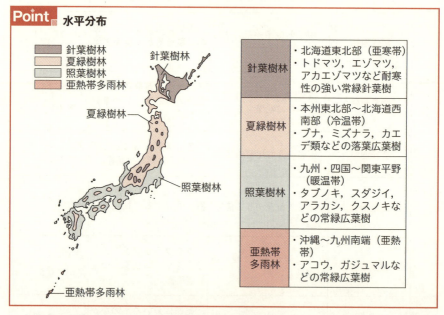

針葉樹林	・北海道東北部（亜寒帯） ・トドマツ，エゾマツ，アカエゾマツなど耐寒性の強い常緑針葉樹
夏緑樹林	・本州東北部～北海道西南部（冷温帯） ・ブナ，ミズナラ，カエデ類などの落葉広葉樹
照葉樹林	・九州・四国～関東平野（暖温帯） ・タブノキ，スダジイ，アラカシ，クスノキなどの常緑広葉樹
亜熱帯 多雨林	・沖縄～九州南端（亜熱帯） ・アコウ，ガジュマルなどの常緑広葉樹

問3 **標高が100m上がるごとに，気温は約0.6℃低下する**。本州中部の垂直分布は次のようになる。なお，**南斜面は太陽光が当たるため北斜面よりも暖かい**。そのため同じ山でも南斜面の方が垂直分布の**境界は高くなる**ことも理解しておこう。

●**本州中部の垂直分布**

垂直分布	バイオーム	植物例
高山帯 （2500 m 以上）	高山草原 （森林限界）2500m	ハイマツ，コケモモ，コマクサ
亜高山帯 （1700～2500 m）	針葉樹林 1700m	シラビソ，コメツガ，トウヒ
山地帯 （700～1700 m）	夏緑樹林 700m	ブナ，ミズナラ，カエデ
丘陵帯（低地帯） （700 m 以下）	照葉樹林	シイ，カシ，タブノキ，クスノキ

図2中のキのバイオームは，日本中部に位置する**富士山において標高2000m付近に分布**していることや，**北海道の低地に分布**していることから，**コメツガやシラビソが優占種**となる**針葉樹林**である。針葉樹林が成立する垂直分布は**亜高山帯**と呼ばれる。

---

27 **遷移**
  問1　土壌が全くない裸地など，生物のいない場所から始まる遷移。(28字)
  問2　(1)－(B)　　　(2)－(A)　　　(3)－(B)
  問3　（荒原→)③→④→⑤→②→①
  問4　(1)　先駆植物(パイオニア植物)　　　(2)　①

解説 **問1, 問2**　遷移は，その遷移がどのような土地から始まったかにより，一次遷移と二次遷移とに分けられる。

Point **遷移**
　裸地：火山噴火後の溶岩台地や，大規模な山崩れの跡地など，全く生物を含まない土地。
　一次遷移：生物がいない裸地に新たに生物が侵入して始まる遷移
　二次遷移：埋土種子や根などを含む，土壌が存在する場所から始まる遷移

問3　一次遷移は，日本では一般的に次の順序で進行する。

Point **日本の暖温帯での一次遷移**
　裸地→荒原(コケ植物，地衣類)→草原(ススキ，イタドリ)
　→低木林(ヤシャブシ，ヤマツツジ)→陽樹林(アカマツ，コナラ)
　→混交林(アカマツ，スダジイ，カシ類)→陰樹林(スダジイ，カシ類)

陰樹林がいったん成立すると，その後は**大きな変化がみられなくなり**，この状態を**極相(クライマックス)**という。

問4　裸地は土壌がないため，水を保つ力や植物の成長に必要な養分も少ない。そのため，乾燥や貧栄養といった**きびしい環境に耐えられる植物しか成長できない**。このような**遷移の初期に出現する植物を先駆植物(パイオニア植物)**という。先駆植物は強光下での光合成速度が大きいという特徴をもつが，**弱光条件に強いという特徴はもたない**。この特徴は遷移の後期に出現する陰生植物でみられる。

また，大きく重い種子をつくるのも遷移の後期に出現する植物でみられる特徴で，遷移初期の植物は**小さく軽い種子**をつくる。

■■■□

28 生態系

問1 　アー⑪ 　イー⑨ 　ウー② 　エー⑦ 　オー④ 　カー⑬ 　キー⑥ 　クー⑤

問2 　②，⑤ 　　問3 　①

解説 問1 　生態系：ある地域の全生物と環境とを，物質循環やエネルギー流の観点からひとまとまりと捉えたもの。

・生物的環境(生産者・消費者・分解者)と非生物的環境とからなる。

・作用…生物が非生物的環境から受ける影響。　例）光を利用した光合成

・環境形成作用…非生物的環境が生物から受ける影響。例）ビーバーによるダム建設

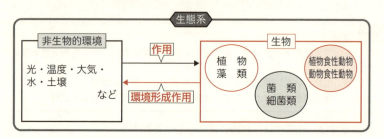

・生物間には被食・捕食の関係でのつながり(食物連鎖)があるが，実際はその関係は複雑なもの(食物網)となっている。

問2 　① 　鳥(生物)→種子(生物)

② 　木本(生物)→土壌(非生物的環境)

③ 　光(非生物的環境)→植物(生物)

④ 　幼虫(生物)→植物(生物)

⑤ 　木本(生物)→光(非生物的環境)

問3 　生産者：植物などの**独立栄養生物**。

　例）イネ，ブナ

消費者：動物などの**従属栄養生物**。

　例）イナゴ，リス，イヌワシ

分解者：消費者のうち，菌類・細菌類など**遺体・排出物**を利用する生物。

　例）シイタケ，アオカビ

29 生態ピラミッド

問1 　栄養段階

問2 　④

解説 問1 　生態系における，**食物連鎖の各段階**を栄養段階という。食われるものを下位，食うものを上位に表す。

問2　**生態ピラミッド**：各栄養段階の個体数や生体量，エネルギー量などを下位のものから順に積み重ねたもの。

　　栄養段階下位のものより上位のものの方が少なくピラミッド型になることが多いが，生態ピラミッドの種類によっては逆ピラミッド型になることもある。

　　個体数ピラミッドは，１本の木に複数のミノムシがつくような，**大型の被食者に小型の捕食者が寄生している場合**に逆転することがある。

　　生物量ピラミッドは，植物プランクトンが生産者である水界生態系のように，**寿命が短く増殖速度の大きい小型の被食者に，寿命が長い大型の捕食者が依存している場合**に一時的に逆転することがある。

30　炭素循環とエネルギーの流れ
問1　a−生産者　b−消費者　c−遺体・排出物　d−分解者　e−化石燃料
問2　B，C，H
問3　ア−化学　イ−熱　ウ−循環

解説 問1　**生産者**(a)は**光合成**(A)により二酸化炭素を取り込み，炭素を含む有機物を合成する。**消費者**(b)が生産者を摂食すると，有機物は消費者へと渡る。生産者，消費者の有機物は**枯死**(D)，**死亡・排泄**(E)により**遺体・排出物**(c)となり，一部は**分解者**(d)により取り込まれ，一部は**化石燃料**(e)となる。

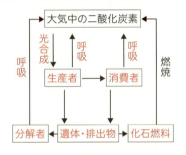

問2　すべての生物は**呼吸**（**B，C，H**）を行い，大気中へ二酸化炭素を放出する。

問3　生態系に入った光エネルギーは，生産者の光合成により有機物の**化学エネルギー**に変えられる。すべての生物は有機物を呼吸に用い，これにより生じた**熱エネルギー**は生態系外へと失われる。そのため，エネルギーは有機物の移動にともなって生態系の中を一方向に流れるだけで，**物質と異なり生態系内を循環**することはない。

Point **物質循環とエネルギーの流れ**
・物質は，生態系内を循環する。
・エネルギーは循環することはなく，生態系内を一方向的に流れるのみである。

31　窒素循環
問1　a−⑤　b−①　c−②　d−④
問2　(1)　③　　(2)　①

解説 窒素(N_2)を大気中から取り込んだり放出したりできるのは，一部の生物だけである。

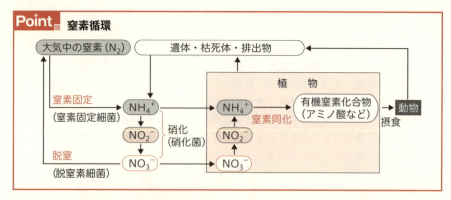

Point **窒素循環**

問2 (1) **窒素固定**は一部の原核生物のみが行える。クロレラは真核生物の藻類であり，窒素固定は行えない。

窒素固定細菌には次のようなものがいる。

① **根粒菌**(マメ科植物の根に共生したときにのみ窒素固定を行う。)

② **アゾトバクター**(**好気性**の窒素固定細菌)

③ **クロストリジウム**(**嫌気性**の窒素固定細菌)

④ **ネンジュモ**(シアノバクテリア)

(2) 窒素固定は，**マメ科植物に共生した根粒菌が行う**のであり，マメ科植物自体は窒素固定を行う能力をもたない。

---

32 **水界生態系の保全**

問1 ①

問2 ③

問3 自然浄化(自浄作用)

問4 アオコ(水の華)

問5 富栄養化

解説 問1 特定の環境にしか生息しないため，その**環境条件の指標**(目安)となる生物を**指標生物**という。淡水の指標生物には，次のようなものがいる。

1．**きれいな水**：サワガニ，ヒラタカゲロウ

2．**ややきれいな水**：ゲンジボタル，カワニナ

3．**きたない水**：タニシ，ヒル

4．**とてもきたない水**：イトミミズ，アメリカザリガニ

問2 ① 汚水に含まれるタンパク質などの有機物が分解され，アンモニウムイオンが発生するため，**アンモニウムイオンの濃度は上昇**する。

② 微生物は有機物を分解するときに酸素を消費する。そのため，**水中の酸素濃度は低下**する。

③ **水中微生物が水中の有機物を酸化するときに消費する酸素量をBOD**(生物学的酸

素要求量)という。有機物が多く汚染された水では**BODの値は大きくなる**ので誤り。

問3　有機物を含む汚水が流入しても，その量が多くなければ**下流に行くに従い有機物**の濃度は低下する。これは，**大量の水によって**希釈されたり，**分解者によって有機物**が分解されることによるもので，自然浄化と呼ばれる。

問4，問5　窒素やリンなどの無機物が少ない湖を貧栄養湖という。貧栄養湖では，植物プランクトンは増えないため，植物プランクトンを餌とする動物プランクトンや魚も増えない。しかし，生活排水の流入などによって無機物が大量に流れ込むと，植物プランクトンが大量に発生することがある。**窒素やリンなどの無機物が蓄積する現象**を富栄養化といい，富栄養化によって淡水において植物プランクトンが大量に発生すると，**水面が青緑色になる**アオコ(水の華)が生じる。同様に海水では**海面が赤褐色になる**赤潮が生じる。

---

[33] 自然浄化
③

解説 汚水には有機物が含まれている。**分解者は有**
機物を酸素を用いて分解するため，汚水が流入すると酸素濃度は大きく低下する。汚水中のタンパク質は，硝化菌などのはたらきによって

タンパク質 → NH_4^+(アンモニウムイオン)
→ NO_2^-(亜硝酸イオン) → NO_3^-(硝酸イオン)

の順に変化する。

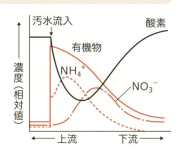

Point **貧栄養湖と富栄養湖**

貧栄養湖：窒素やリンなどの無機物の濃度が低い湖
　→流入する無機物がある程度増えても，水生植物などが吸収・利用するため，無機物の濃度は変化しない。

富栄養化：窒素やリンなどの無機物が蓄積して濃度が高くなる現象
　→無機物が，水生植物が吸収しきれなくなるほど流入したことによる。
　→無機物を利用するプランクトンの異常発生(アオコ，赤潮)が起きる。

---

[34] 水質汚染
問1　生物濃縮
問2　②
問3　44.25(倍)

解説 問1，問2　特定の物質が，**環境中よりも生体内で高濃度になる現象**を生物濃縮という。生物濃縮は，

１．**生物体内で分解されない。**

２．**脂溶性**であるため，いったん体内に入ると**排出されにくい。**

という特徴をあわせもつ，有機水銀やDDTなどの物質で起こる。

問3 　$\dfrac{〔アオサギ〕\ 3.54}{〔シオグサ〕\ 0.080} = 44.25（倍）$

　　生物濃縮は，食物連鎖での**高次消費者ほど高濃度で蓄積する**ことも覚えておこう。

35 環境問題
問1　アー化石　イー温室効果
問2　②
問3　①

解説 問1，問2　太陽からの放射は吸収しないが，地表からの熱(赤外線)を吸収する作用をもつ気体を温室効果ガスと呼ぶ。温室効果ガスの代表としては，**二酸化炭素，メタン，フロン**などがあげられる。

問3　石油や石炭などを利用した際の排煙には**窒素酸化物**(NO_2など)や**硫黄酸化物**(SO_2など)が含まれる。これらが雨に溶けることにより，強酸性の酸性雨が生じる。

36 生態系のバランス
問1　アー増加　イー減少　ウー減少
問2　キーストーン種

解説 問1　ラッコはウニを餌とするので，ラッコの個体数が減少すると，捕食される量が減少するためウニの個体数は**増加**する。すると，ウニによる摂食量が増加するため，海藻は**減少**する。結果，海藻をすみかにしていた魚やエビはすみかを失い**減少**する。すなわち，ラッコが減少すると，その海域の生物の種類(種の多様性)は低下する。

問2　キーストーン種：**生態系のバランスを保つのに重要な役割を果たしている種。食物網の上位にある捕食者**で，**個体数が少ないことが多い。**

生命現象と物質

6 細胞と分子

37 生体構成物質

問1	⑥	問2	③
問3	⑤	問4	④

解説 問1 生体構成物質のうち，**最も多く含まれる物質が水**であることは，すべての生物で共通である。2番目に多く含まれる物質は生物の種類によって異なる。**植物で2番目に多く含まれる物質は炭水化物**である。これは**細胞壁がセルロース**という炭水化物であるためである。

問2 ① **ホルモンとしてはたらくタンパク質**。

② **筋収縮**などにはたらくタンパク質。

③ アデニン（塩基）とリボース（糖）からなる物質で，**タンパク質ではない**。ATP（アデノシン三リン酸）の成分。

④ 赤血球膜などに存在し，**能動輸送**にはたらくタンパク質。

⑤ **抗体**としてはたらくタンパク質。

⑥ DNA合成を触媒する**酵素**。酵素はすべてタンパク質からなる。

問3 核酸はDNA（デオキシリボ核酸）とRNA（リボ核酸）の2種類がある。

① DNAは常に2本鎖であるが，RNAは1本鎖である。

② 真核生物も原核生物も，すべての生物は遺伝物質としてDNAをもち，タンパク質合成の際にはRNAがはたらく。

③ 翻訳の際には，リボソームと結合したmRNA（伝令RNA）にtRNA（転移RNA）がアミノ酸を運搬する。

④ 真核生物では，RNAは核内で合成されたあと，核膜孔を通って**核の外（細胞質）**へ移動する。また，原核細胞には核は存在せず，**DNAもRNAも細胞質に存在する**。

⑤ 核酸はヌクレオチドを単位とする。ヌクレオチドは**糖**に塩基とリン酸が結合したものである。DNAは**デオキシリボース**，RNAは**リボース**をそれぞれ糖として含む。

38 タンパク質の構造と性質

問1	①
問2	③
問3	②
問4	④
問5	④
問6	(1) ① (2) ④
問7	④ 問8 ④

解説 問1 動物組織では，水，**タンパク質**，脂質の順に多く含まれる。

問2 **タンパク質を構成するアミノ酸は20種類**。どのアミノ酸も共通の構造（**アミノ基，カルボキシ基**）をもち，アミノ酸ごとに構造が異なる部分は**側鎖**といい，通常は省略して "R" と表す。

Point アミノ酸の基本構造

問3 2分子のアミノ酸のもつアミノ基とカルボキシ基の間で**ペプチド結合**が起こる。このとき，**水分子が１分子取れる**（脱水縮合）。通常のタンパク質は，100〜1000個程度のアミノ酸からなる。

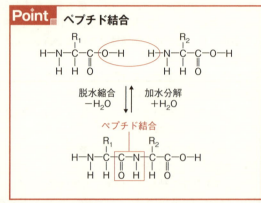

Point ペプチド結合

問4 ① アミノ酸の**数**ではなく，ポリペプチドを構成する**アミノ酸の配列順序**を**一次構造**という。

② ポリペプチドがつくるらせん構造やジグザグ構造を**二次構造**という。

③ １本のポリペプチドがつくる複数のらせん構造やジグザグ構造の組合せを**三次構造**という。

問5 タンパク質の立体構造は，高温やpHの変化によって変化する。これを**変性**という。タンパク質がもっていた**機能が，タンパク質の変性によって失われることを失活**という。

問6 ① **微小管**は，**チューブリン**が多数重合してできた**細胞骨格**である。

② デンプン（アミロース）を分解する**酵素としてはたらくタンパク質**。

③ DNA を合成する**酵素としてはたらくタンパク質**。

④ 真核生物において**DNAと結合して染色体を構成する**球状のタンパク質。ヒストンにDNAが結合した構造を**ヌクレオソーム**という。

問7 タンパク質はC，H，O，N，Sからなり，Pは含まれない。

問8 20種類のアミノ酸4個の組合せなので，

$$20 \times 20 \times 20 \times 20 = 160000（通り）$$

39 生命活動とタンパク質

問1　②　　問2　a−⑦　b−①　c−⑧　d−③

解説 問1　ア−二次構造であるらせん構造は**αヘリックス**，ジグザグ構造は**βシート**と呼ばれる。

イ−**シャペロン**は，合成されたポリペプチド鎖が**正しい立体構造になるよう折りたたむのを助ける**だけでなく，**変性したタンパク質を正しい立体構造に折りたたみ直す**はたらきももつ。

問2　①　集合管での**水の再吸収を促進するホルモン**としてはたらくタンパク質。

②　細胞膜に存在し，**細胞どうしの接着**にはたらくタンパク質。

③　**抗体**として**生体防御**にはたらくタンパク質。

④　皮膚や腱，軟骨などの細胞外に存在するタンパク質。コラーゲンなどからなる，**細胞外に存在する**構造は**細胞外基質（細胞外マトリックス）**と総称される。

⑤　**過酸化水素を分解する酵素**としてはたらくタンパク質。

⑥　**タンパク質を分解する酵素**としてはたらくタンパク質。

⑦　アクチンフィラメントと相互作用して筋収縮などの**運動**にはたらくタンパク質。

⑧　赤血球に含まれ，結合した**酸素の運搬**にはたらくタンパク質。

40 細胞の構造とはたらき

問1　①−j　②−g　③−h　④−c　⑤−k　⑥−i
　　　⑦−a　⑧−d　⑨−b　⑩−f

問2　①−6　②−4　③−10　④−3　⑤−7　⑥−1
　　　⑦−8　⑧−2　⑨−5　⑩−9

問3　①，⑦，⑩

解説 問1，問2　細胞構造体は，電子顕微鏡像とそれぞれの機能をおさえておこう。

核：**染色体**…DNA とヒストンからなる。

　　核小体…rRNA（リボソーム RNA）**合成の場**。

　　核膜…内膜と外膜が**核膜孔**の部分でつながる，**連続した二重膜構造**。

ミトコンドリア：**呼吸**を行い，ATP を合成。**二重膜構造**。

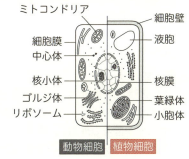

ミトコンドリア　細胞壁　細胞膜　液胞　中心体　核小体　核膜　ゴルジ体　葉緑体　リボソーム　小胞体

動物細胞　植物細胞

葉緑体：**光合成の場**。光合成色素として**クロロフィル**を含む。**二重膜構造**。

ゴルジ体：物質の**分泌**などにはたらく。

液胞：色素アントシアンや無機塩類などを含む。内部の液体を**細胞液**という。

中心体：**紡錘体**の形成にはたらく。

リボソーム：**タンパク質合成の場**。rRNA とタンパク質からなる。

小胞体：物質の輸送路としてはたらく。リボソームが付着しているもの（粗面小胞体）と付着していないもの（滑面小胞体）がある。

細胞膜：細胞内外の境界膜。**リン脂質**と**タンパク質**から構成される。

細胞壁：植物細胞の形態の維持にはたらく。**セルロース（炭水化物）が主成分。**

細胞質基質：細胞小器官の間を満たす液体。発酵や解糖系など，**さまざまな化学反応の場。**

問3　原核細胞も遺伝物質として DNA をもつが，核膜はなく，DNA は細胞質に存在する。また，細胞壁をもつが，主成分がセルロースではない点は植物細胞と異なる。

Point **真核細胞（動物・植物）と原核細胞（細菌）の比較**

	動物	植物	細菌		動物	植物	細菌
核膜	○	○	×	小胞体	○	○	×
ミトコンドリア	○	○	×	リボソーム	○	○	○
葉緑体	×	○	×	細胞膜	○	○	○
中心体	○	※△	×	細胞壁	×	○	○
ゴルジ体	○	○	×				

○：存在する　×：存在しない　△：一部存在する
※コケ植物やシダ植物などの精子をつくる植物の細胞には存在するが，種子植物の細胞には基本的に存在しない。

---

41 **生体膜の構造と特徴**
問1　A－②　B－⑥
問2　アーリン脂質　イー選択的透過性　ウーチャネル　エー受動輸送
　　オーアクアポリン（水チャネル）　カー能動輸送　キーポンプ
　　クーエキソサイトーシス　ケーエンドサイトーシス　コー小胞体
　　サーゴルジ体
問3　①

解説 問2 ｜　ア　｜ ～ ｜　キ　｜ 生体
膜は**厚さ5〜10nm**で，**リン脂質**と**タンパク質**からなる。リン脂質は**親水性のリン酸基を外側**に，**疎水性の脂肪酸鎖を内側に向けた二重層構造**をとる。タンパク質はリン脂質に埋め込まれたように存在し，物質輸送にはたらくもの，受容体としてはたら

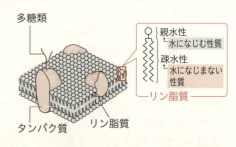

くもの,細胞接着にはたらくものなどさまざまな種類がある。生体膜は,物質輸送にはたらくタンパク質が存在するため,**物質により透過性が異なる選択的透過性**を示す。

> **Point** **物質輸送にはたらく膜タンパク質**
> **チャネル**：特定の物質を，**濃度勾配に従って通す管状のタンパク質。**
> **受動輸送**を行う。
>   例）**アクアポリン(水チャネル)**
> **ポンプ**：特定の物質と結合し，**濃度勾配に逆らって膜の反対側へ運ぶタンパク質。**
> **能動輸送**を行う。
>   例）ナトリウムポンプ

　ク 〜 **サ** 　細胞膜の変形をともなう物質輸送には，**物質を放出するエキソサイトーシス**と，**物質を取り込むエンドサイトーシス**とがある。

　エキソサイトーシス…物質を含む小胞を細胞膜と融合させ，物質を細胞外へ放出する輸送。タンパク質を細胞外へ放出するときには，リボソームで合成された**タンパク質は小胞体へ入り，小胞体からゴルジ体，ゴルジ体から細胞外へと移動する。**

　エンドサイトーシス…物質を細胞膜ごと細胞内へ包み込むように取り込む輸送。マクロファージや樹状細胞の**食作用はエンドサイトーシスの一種である。**

問3　アミラーゼは**細胞外でデンプン(アミロース)の分解にはたらく酵素**であるため，細胞内で合成された後，エキソサイトーシスにより細胞外へ輸送される。

② 　赤血球内に存在し，酸素運搬にはたらくタンパク質。

③ 　真核生物の核内で，DNAと結合して染色体を構成するタンパク質。

---

42 **細胞と浸透現象**
問1　ア－細胞壁　イ－細胞膜
問2　限界原形質分離
問3　B
問4　A

解説 **問1，問2**　植物細胞は，半透性の**細胞膜 イ** の外側に，全透性の**細胞壁 ア** をもつ。そのため，高張液(濃度が高く，細胞よりも高い浸透圧をもつ溶液)に浸すと細胞から水が出て細胞膜で囲まれた部分は小さくなるが，細胞壁の形は変わらないので，**細胞膜と細胞壁とが離れる原形質分離**の状態となる。等張液(細胞と同じ浸透圧をもつ溶液)に浸され，**細胞膜と細胞壁との間にほんのわずかな隙間が生じている状態は限界原形質分離**と呼ばれる。

問3　高張液に細胞を入れると，細胞内から水が出て，細胞膜で囲まれた部分の体積は小さくなる。低張液(濃度が低く，細胞よりも低い浸透圧をもつ溶液)に細胞を入れると，細胞内へ水が入り，細胞膜で囲まれた部分の体積は大きくなる。つまり，**細胞膜で囲まれた部分の体積が小さいほど濃度の高いスクロース液**に浸された細胞，**細胞膜で囲まれた部分の体積が大きいほど濃度の低いスクロース液**に浸された細胞であるといえる。

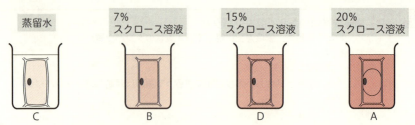

蒸留水	7% スクロース溶液	15% スクロース溶液	20% スクロース溶液
C	B	D	A

問4 浸透圧は濃度に比例する。細胞から水が出て，細胞内の濃度が高くなるほど浸透圧も高くなる。よって細胞膜で囲まれた部分の**体積が最も小さいA**が，**細胞の浸透圧が最も高い**。

---

43 **細胞骨格**

問1 　アーアクチンフィラメント　イー中間径フィラメント　ウー微小管
　　　エー中心体
問2 　ミオシン
問3 　ダイニン，キネシン
問4 　(1)　イ　　　(2)　ウ　　　(3)　ア

解説 細胞質基質に存在する，**タンパク質からなる繊維状構造**を**細胞骨格**という。真核細胞がもつ細胞骨格には，次の**Point**にまとめた**3**種類がある。

Point **細胞骨格**

	アクチンフィラメント	中間径フィラメント	微小管
細胞骨格	↕7nm アクチン	↕10nm	↕25nm チューブリン
はたらき	筋収縮，原形質流動	細胞や核の形を保つ役割	細胞分裂時における染色体の分配（紡錘糸），繊毛運動，べん毛運動

問2，問3 　**モータータンパク質**：ATP のエネルギーを利用して，細胞骨格に沿った運動をするタンパク質。
　アクチンフィラメント上を運動する**ミオシン**，微小管上を運動する**ダイニン**と**キネシン**の3種類がある。

44 細胞接着
①

解説 細胞接着には，細胞膜に埋め込まれた接着タンパク質がはたらく。

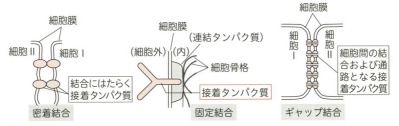

> **Point** 細胞接着

① **密着結合**
　細胞膜貫通型の接着タンパク質どうしによる，細胞間の結合。
　低分子物質も通さない。
　例）体内外の境界部
② **ギャップ結合**
　管状の接着タンパク質どうしによる，細胞間の**結合＆物質**（低分子物質，イオンなど）
　の移動通路。
③ **固定結合**
　接着タンパク質により，**細胞外の構造**と**細胞骨格**とをつなぐ結合。

種　　類	接着タンパク質	細胞外の構造	細胞骨格
接着結合	カドヘリン	隣接細胞のカドヘリン	アクチンフィラメント
デスモソーム	カドヘリン	隣接細胞のカドヘリン	中間径フィラメント
ヘミデスモソーム	インテグリン	細胞外基質	中間径フィラメント

① 　カドヘリンは細胞膜に存在する接着タンパク質である。カドヘリンには**立体構造の
　異なる多くの型**があり，隣接する細胞のカドヘリンが**同じ型**であるとカドヘリンどう
　しで**互いに結合**し，細胞間を連結する。
② 　カドヘリンの立体構造の維持に必要なのは，カリウムイオンではなく**カルシウムイ
　オン**。
③ 　デスモソームは，隣接した細胞間で，**細胞内で中間径フィラメントと結合したカド
　ヘリンどうしが結合した構造**。細胞内で中間径フィラメントと結合したインテグリン
　が，**細胞外基質**（細胞外マトリックス）**と結合した構造**はヘミデスモソームという。
④ 　ギャップ結合は，隣接した細胞間で，**管状の膜タンパク質どうしが結合した構造**。
　細胞間での水やイオンなど，**小さい分子の移動の通路**となるが，タンパク質のように
　大きい分子は通れない。

第4章 生命現象と物質

45 酵素

問1　アー触媒　イー基質　ウー活性部位（活性中心）
　　エー酵素-基質複合体　オー基質特異性
問2　(1)　最適pH　　(2)　アミラーゼー②　ペプシンー①

解説　酵素は**高温条件や酸性条件，アルカリ性条件で活性が低下**する。これは，無機触媒にはみられない性質である。

Point　酵素活性と温度・pH

　酵素は**活性部位**で**基質**と結合して**酵素 – 基質複合体**となったあと，基質を**生成物**へと変える。酵素は活性部位の立体構造に合う，**特定の基質にのみはたらきかける基質特異性**がある。酵素は**タンパク質でできている**ため，高温やpHの変化により**変性**し，**はたらきを失う（失活）**。

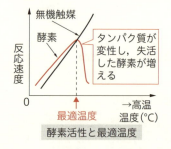

酵素活性と最適温度

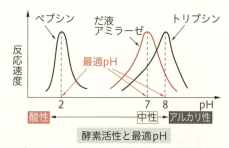

酵素活性と最適pH

問2　タンパク質は，pHの変化により立体構造が変化（**変性**）する。そのため，タンパク質が主成分である酵素は正しい立体構造を保つことができるpHでのみ触媒として機能することができる。酵素の活性（はたらき）が最も高いpHを**最適pH**という。最適pHは酵素によって異なる。

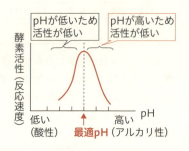

46 酵素反応の阻害と調節

問1　競争的阻害　　問2　フィードバック
問3　アロステリック部位

解説　問1　**基質と立体構造が似る物質**が存在すると，その物質が酵素の活性部位に結合することがある。するとその間は基質は活性部位に結合できないため，酵素反応は阻害を受けることになる。このような阻害を**競争的阻害**という。競争的阻害は，**基質**

の濃度が十分に大きくなると，酵素が阻害物質と結合する確率がとても小さくなるので，阻害効果がほとんど無視できるようになることも理解しておこう。

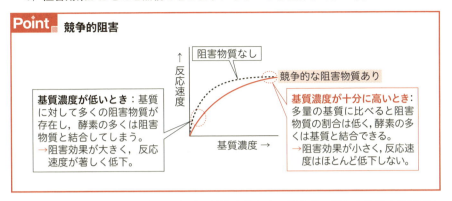

Point　競争的阻害

基質濃度が低いとき：基質に対して多くの阻害物質が存在し，酵素の多くは阻害物質と結合してしまう。
→阻害効果が大きく，反応速度が著しく低下。

基質濃度が十分に高いとき：多量の基質に比べると阻害物質の割合は低く，酵素の多くは基質と結合できる。
→阻害効果が小さく，反応速度はほとんど低下しない。

問2　生体内では，ある一連の反応系の最終産物がその反応系の最初を触媒する酵素を抑制することで，反応系全体の速度が調節されていることがある。このように，**結果が原因に影響を与える調節**はフィードバックと呼ばれる。

問3　活性部位とは別に，**特定の物質の結合部位**(アロステリック部位)をもち，その部位に物質が結合することで活性部位の構造が変化する酵素をアロステリック酵素という。

47　呼吸と発酵
問1　アーピルビン酸　イー二酸化炭素
問2　乳酸発酵
問3　アルコール発酵　　問4　D，E
問5　E　　(名称)　電子伝達系
問6　①
問7　右図

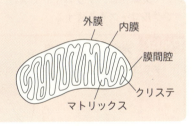

外膜　内膜
膜間腔
クリステ
マトリックス

解説　呼吸の過程(問1の｜ア｜と問4)では，グルコースはまず細胞質基質でピルビン酸へと変えられる。この反応を解糖系(A)という。ピルビン酸はミトコンドリアに入り，アセチル CoA となったあとマトリックスで進行するクエン酸回路(D)に取り込まれる。解糖系とクエン酸回路では脱水素反応が起こり，水素は内膜(クリステ)へと運ばれ，電子伝達系(E)での ATP 合成に利用される。

問1　｜イ｜，問3　酵母菌は，グルコースから生じたピルビン酸から二酸化炭素とエタノールを生じるアルコール発酵を行う。

問2　乳酸菌は，グルコースから生じたピルビン酸から乳酸を生じる乳酸発酵を行う。なお，同じ反応が動物の筋肉中で起きるときには解糖と呼ぶ。

問5　1分子のグルコースを用いた場合に各過程で生じる ATP 量は，解糖系(A)とクエン酸回路(D)では各2分子，電子伝達系(E)では最大で34分子である。なお，ピルビン酸を乳酸に変える反応(B)やピルビン酸をエタノールと二酸化炭素に変える反応

（C）では ATP は生じない。乳酸発酵とアルコール発酵で生じる ATP は，グルコースをピルビン酸に変える A の過程で生じるものである。

問6　電子伝達系の最後で，電子(e^-)は水素イオン(H^+)とともに酸素(O_2)に受け取られ，水(H_2O)を生じる。

48　光合成
問1　アー葉緑体　イーチラコイド　ウークロロフィル　エーグラナ
　　オーストロマ　カー酸素　キー ATP　クー二酸化炭素　ケーグルコース
問2　a−イ　b−イ　c−イ　d−オ

解説　問1　　ウ　　クロロフィルなどの光合成色素はチラコイド膜に存在する。
　　カ　　光エネルギーを吸収して活性化したクロロフィルを含む光化学系Ⅱが水を
　分解する。

$$H_2O \longrightarrow 2H^+ + 2e^- + O$$

　　H^+：$NADP^+$ と結合し，NADPH となる。
　　e^-：電子伝達系へ渡され，ATP 合成に関わる。
　　O：O_2 となり放出される。

　　ク　，　ケ　　カルビン・ベンソン回路では，NADPH と ATP のエネルギーを
　用いて CO_2 を固定し，グルコースを合成する。

問2　葉緑体は，チラコイドで ATP と NADPH を合成し，それらを利用してストロマ
でグルコースを合成する。

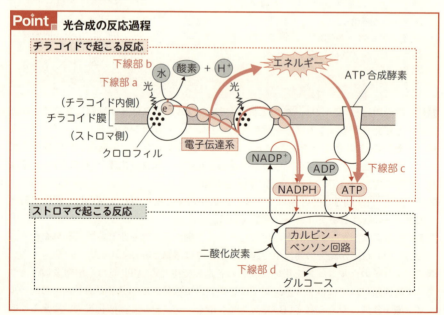

Point　光合成の反応過程

チラコイドで起こる反応

ストロマで起こる反応

42

49 窒素代謝

問1 ア－マメ　イ－根粒菌
問2 a－窒素固定　b－窒素同化
問3 A－亜硝酸菌　B－硝酸菌
問4 C－アミノ酸　酵素名D－トランスアミナーゼ(アミノ基転移酵素)
問5 タンパク質，核酸(DNA，RNA)，ATP，クロロフィルなどから1つ。

[解説] 問1　マメ科植物と根粒菌のように，互いに利益を与えあっている関係を相利共生という。

問3　NH_4^+ を NO_3^- にまでに変える硝化は，NH_4^+ を NO_2^- に変える亜硝酸菌による反応と，NO_2^- を NO_3^- に変える硝酸菌による反応からなる。

Point 硝化の詳細

NH_4^+
↓…亜硝酸菌による。$NH_4^+ + 2O_2 \longrightarrow NO_2^- + 2H_2O$
NO_2^-　　　　　　アンモニウムイオン　　　　　亜硝酸イオン
↓…硝酸菌による。$2NO_2^- + O_2 \longrightarrow 2NO_3^-$
NO_3^-　　　　　　亜硝酸イオン　　　　　硝酸イオン

問4　トランスアミナーゼ(アミノ基転移酵素)は，グルタミン酸のアミノ基($-NH_2$)を有機酸へ渡し，アミノ酸に変える酵素である。

Point 緑色植物の窒素同化

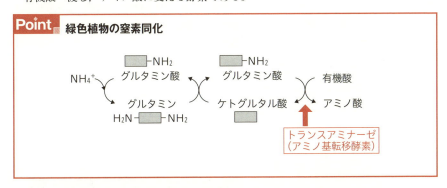

---

50 核酸の構造

問1 アー5′ イー3′ ウー3′ エー5′ オー3′
問2 高エネルギーリン酸

解説 ヌクレオチドに含まれる糖（デオキシリボース，リボース）は炭素を5個含み五炭糖と呼ばれる。1つのヌクレオチドの中では，五炭糖の1′炭素に塩基が，**5′炭素にリン酸が結合**している。

ヌクレオチド鎖では，1つのヌクレオチドの**リン酸**と，隣のヌクレオチドの五炭糖の**3′炭素**とが結合している。よって，ヌクレオチ

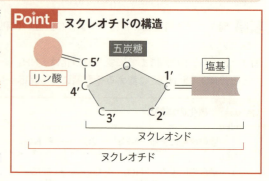

Point ヌクレオチドの構造

ドはリン酸と五炭糖とが交互につながった主鎖から塩基が突き出した構造となっており，**リン酸側末端を5′末端，糖側末端を3′末端**と呼ぶ。

ヌクレオチド鎖が伸長する際の材料となるのは**ヌクレオシド三リン酸**である。DNAポリメラーゼやRNAポリメラーゼは，**ヌクレオシド三リン酸のリン酸2個を外し，ヌクレオチド鎖の3′末端**の糖に新しいヌクレオチドを結合させる。よって，DNAやRNAなどの**ヌクレオチド鎖は3′方向にのみ伸長**する。

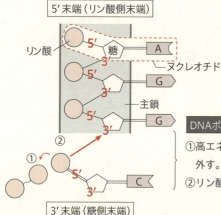

DNAポリメラーゼ，RNAポリメラーゼのはたらき

①高エネルギーリン酸結合を切断，リン酸2個を外す。
②リン酸と五炭糖の3′炭素を結合させる。

51 DNA の複製法

問1 ③ 問2 半保存的複製

解説 新しい2本鎖 DNA は，古い鎖1本と新しい鎖1本とからなる。

Point **DNA の複製法**
① 2本鎖 DNA の水素結合が切れ，1本鎖になる。
② 1本鎖の塩基に相補的な塩基をもつヌクレオチドが結合する。
DNA ポリメラーゼによりヌクレオチドが連結され，新しい2本鎖 DNA ができる。

相捕的なα鎖とβ鎖からなる
2本鎖 DNA

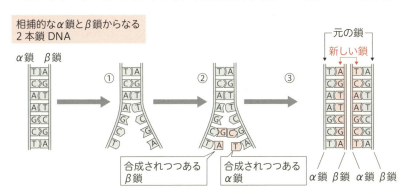

合成されつつある
β鎖

合成されつつある
α鎖

α鎖 β鎖 α鎖 β鎖

---

52 DNA の複製反応

⑤

解説 ① DNA の複製は，**特定の部位からのみ開始され**，この部分は**複製開始点**と呼ばれる。なお，**原核生物のもつ環状DNA1分子中には，複製開始点は1か所のみ存在し，真核生物のもつ線状(直鎖状)DNA1分子中には，複製開始点は複数か所存在する**ことも知っておこう。

②，③ DNA を構成する2本のヌクレオチド鎖は，**互いに逆方向である**。また，**ヌクレオチド鎖の伸長方向は「5′→3′」のみであるため**，**リーディング鎖**では**連続的に合成が進む**が，**ラギング鎖**では短いヌクレオチド鎖が**「5′→3′」方向に合成され，これらが連結されることにより不連続的に合成が進む**。ラギング鎖が合成されるときにつくられる短いヌクレオチド鎖を**岡崎フラグメント**という。

④ **DNA リガーゼ**は，ラギング鎖合成において岡崎フラグメントを連結させる。

⑤ **50 核酸の構造**を参照。**DNA ポリメラーゼ**は，ヌクレオチド鎖の3′末端に新しいヌクレオチドを連結させ，ヌクレオチド鎖を伸長させる酵素である。DNA 合成の際に2本鎖 DNA の水素結合を切断し，**DNA 鎖をほどくのは DNA ヘリカーゼ**という酵素のはたらきである。

⑥ DNA ポリメラーゼは，**ヌクレオチド鎖を伸長させる際に起点として短いヌクレオチド鎖を必要とする**。この短いヌクレオチド鎖を**プライマー**と呼ぶ。**生体内での DNA 複製の際には RNA ヌクレオチド鎖がプライマーとして用いられる**。

53 遺伝子発現

問1　アーmRNA（伝令RNA）　イータンパク質　ウーアミノ酸
　　　エー塩基　オーコドン　カーリボソーム　キーtRNA（転移RNA）
　　　クーアンチコドン
問2　ペプチド結合
問3　64通り　　　　問4　終止コドン

解説 問1　遺伝子発現には3種類のRNA（mRNA，tRNA，rRNA）がはたらく。

Point 生物基礎の範囲では登場しなかった要素を確認しよう

コドン：mRNAの三つ組塩基。

アンチコドン：コドンに相補的な，**tRNA（転移RNA）**の三つ組塩基。

リボソーム：翻訳の場となる細胞小器官。**rRNA（リボソームRNA）とタンパク質**とからなる。

問3　RNAには**4種類の塩基**（A，G，C，U）が含まれる。**コドンは3塩基の組合せな**ので，「4×4×4=64（通り）」となる。

問4　64通りのコドンのうち，**3種類**（UAA，UAG，UGA）には対応するアンチコドンをもつtRNAが存在しない。そのため，これら3種類のコドンにはアミノ酸が運搬されず，このひとつ前のコドンで翻訳が終了する。これら3種類のコドンを終止コドンという。

---

54 原核生物の遺伝子発現調節
　　　アー⑦　イー⑧　ウー③　エー④

解説 原核生物の転写は，リプレッサーがオペレーターに結合しているかどうかによって制御を受ける。転写（RNA合成）は，RNAポリメラーゼがDNA上のプロモーターと呼ばれる領域に結合すると開始するが，リプレッサーがオペレーターに結合していると，RNAポリメラーゼはプロモーターに結合できず，転写は起こらない。リプレッサーがオペレーターに結合していないと，RNAポリメラーゼにより転写が進行する。

　なお，原核生物の場合，オペロンごとに転写が制御されるため，1本のmRNAにはオペロンを形成する複数の遺伝子の情報が含まれる（真核生物の場合は1本のmRNAには1つの遺伝子のみが含まれる）。

---

55 真核生物の遺伝子発現調節
　　　アープロモーター　イー基本転写因子　ウーRNAポリメラーゼ
　　　エー相補的　オーDNAポリメラーゼ　カーアンチセンス鎖
　　　キーセンス鎖　クーイントロン　ケーエキソン　コーmRNA前駆体
　　　サーmRNA　シースプライシング　スー選択的スプライシング

解説 　ア　～　ウ　　原核生物のRNAポリメラーゼは他のタンパク質を必要とし

ないが，真核生物の場合，**基本転写因子**が**プロモーター**に結合しないと **RNA ポリメラーゼ**は転写を始めることができない。

| カ | ～ | キ | 　遺伝情報をもち，転写されるのは DNA 2 本鎖のうち特定の 1 本のみである。転写される鎖を**アンチセンス鎖**（**鋳型鎖**），転写されない鎖を**センス鎖**という。2 本鎖のどちらが転写されるかは，遺伝子ごとに異なる。

例えば右図の場合，遺伝子 A は β 鎖，遺伝子 B は α 鎖がそれぞれアンチセンス鎖となっている。

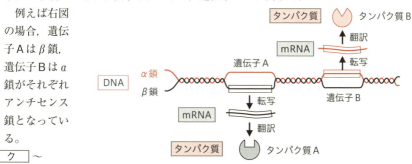

| ク | ～

| シ | 　真核生物の DNA では，1 つの遺伝子内に**アミノ酸配列情報をもつ部分**（**エキソン**）と**アミノ酸配列情報をもたない部分**（**イントロン**）とが**交互に存在**している。エキソンとイントロンはともに転写されるが，転写後にイントロンを除去し，エキソンどうしをつなぎ合わせる**スプライシング**が**核内で起こる**。転写直後のイントロンを含む RNA は mRNA 前駆体，スプライシング後のエキソンのみからなる RNA は成熟 mRNA と区別されることもある。

| ス | 　スプライシングでは，**一部のエキソンがイントロンとともに除去されることがあり**，このようなスプライシングを**選択的スプライシング**という。選択的スプライシングには，1 つの遺伝子から複類種類のタンパク質をつくりだし，**機能をもつタンパク質の種類を増やすことができる**という意義がある。

Point　スプライシングと選択的スプライシングのしくみ

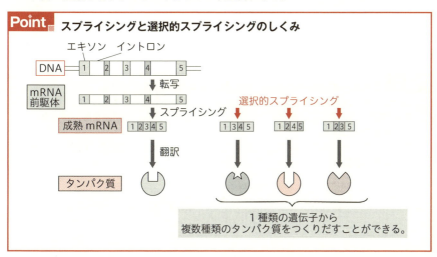

56 PCR法

問1 (1) ③　　(2) ①　　(3) ②
問2 ⑤
問3 ④

解説 問1，問2　PCR法（ポリメラーゼ連鎖反応法）は，3段階の温度設定を繰り返すことで，DNAを増幅させる方法である。

1段階目…**95℃**：2本鎖DNAを**1本鎖に分離**する。

（ヌクレオチド鎖間の**水素結合は高温にすると切断される**ため。）

2段階目…**60℃**：DNAに**プライマー**を結合させる。

（ 52 DNAの複製反応を参照。プライマーはDNAポリメラーゼが新生鎖を伸長させる起点となる。細胞内でのDNA合成の際はRNAからなるプライマーが用いられるが，**PCR法ではDNAからなるプライマーを用いる**。）

3段階目…**70℃**：DNAポリメラーゼにより**2本鎖DNAが合成**される。

（DNAポリメラーゼがプライマーを起点とし，**鋳型鎖に相補的なヌクレオチド鎖を合成する**。）

問3　PCR法は高温条件で行うため，**90℃でも失活しないDNAポリメラーゼ**を用いる必要がある。耐熱性の高い原核生物である好熱菌由来のDNAポリメラーゼが用いられる。

57 遺伝子組換え

ア－⑥　イ－④　ウ－⑧　エ－③

解説 DNAリガーゼは，相補的な塩基配列をもつDNA末端を連結させることができる。よって，ある遺伝子の両端と**プラスミド**とを同じ**制限酵素**で切断すると，両者の切断面をDNAリガーゼで連結させることができる。このようにしてできた，ある遺伝子を組み込んだプラスミドを大腸菌に取り込ませることで，大腸菌に本来もっていない遺伝子を導入することができる。

Point **DNAへの遺伝子の組み込みには，2種類の酵素を用いる**

プラスミド：大腸菌などが染色体DNAとは別にもつ，**小型で環状のDNA**。

制限酵素：DNAの特定の塩基配列を認識し，その部分で**DNAを切断する**，「はさみ」
の役割をもつ酵素。

DNAリガーゼ：制限酵素で切断されたDNA末端などを連結させる，「のり」の役
割をもつ酵素。

第5章 ▌生殖と発生

9 ▎生殖と発生

58 遺伝子と染色体

問1 　アー⑪　イー⑫　ウー⑩　エー⑨　オー⑧　カー⑮　キー⑥
　　　クー③　ケー①　コー②
問2 　④

解説 問1 　　ア　～　エ　真核生物の DNA は，球状のタンパク質である**ヒスト
ン**に巻きつき，**ヌクレオソーム構造**をとる。ヌクレオソームが多数連なった繊維状
の構造は**クロマチン繊維**と呼ばれる。**染色体**は，クロマチン繊維がさらに凝縮して
できた構造体である。

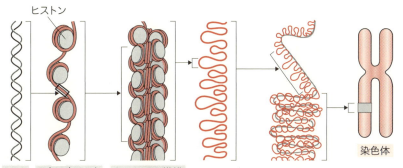

ヒストン

DNA　ヌクレオソーム　クロマチン繊維　　　　染色体

　　オ　，　カ　精子や卵などの**生殖細胞に含まれる全染色体**をまとめて**ゲノム**
と呼ぶ（　7　**ゲノムと遺伝情報の発現**を参照）。よって，精子と卵が受精して生じ
る**受精卵**は，精子と卵がそれぞれ1セットずつもっていたゲノム，計**2セット**を併
せもつ。

　　キ　～　コ　**体細胞分裂**で生じる2個の娘細胞は，**母細胞と全く同じ染色体**
をもつ。**減数分裂**で生じる4個の娘細胞は，**母細胞のもつ染色体の半分**をもつ。

59 減数分裂

問1 　アー2　イー4　ウー対合　エー二価染色体　オー乗換え
問2 　②　　問3 　④

解説 問1 　減数分裂の特徴は次の通り。
1．減数分裂は，**第一分裂**と**第二分裂**の**2回**の分裂により，娘細胞が**4個**生じる。
2．第一分裂では，**相同染色体**が**対合**し，**二価染色体**を形成する。
3．**第一分裂前期**に，相同染色体の間で**乗換え**が起こることがある。

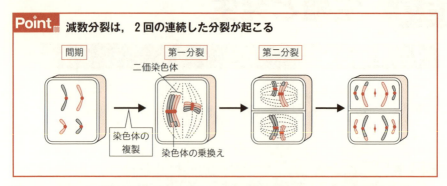

Point **減数分裂は，2回の連続した分裂が起こる**

間期 ― 第一分裂 ― 第二分裂

二価染色体

染色体の複製

染色体の乗換え

問3　$2n=6$の母細胞が減数分裂を行うと，**染色体数が半減**した$n=3$の娘細胞が生じる。母細胞がもつ1対（2本）の相同染色体から，どちらか1本が娘細胞へ渡されるので，娘細胞の染色体の組合せは，$2^3=8$（通り）となる。

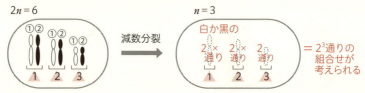

$2n=6$

減数分裂

$n=3$

白か黒の
2× 2× 2
通り 通り 通り

$=2^3$通りの
組合せが
考えられる

---

60 **生殖法**
問1　④　　問2　④

解説 問1　**有性生殖**：配偶子（精子や卵）の合体により新個体を生じる生殖法。
　無性生殖：配偶子によらずに新個体を生じる生殖法。分裂，出芽，栄養生殖，胞子生殖などがある。

Point **無性生殖の種類**

無性生殖の種類	生殖方法の説明	生物名
分裂	母体が同じ形，同じ大きさに分かれ，複数の新個体となる。	ゾウリムシ アメーバ
出芽	親のからだに小さなふくらみができ，それが成長して元の個体と同じような新個体を生じる。	ヒドラ イソギンチャク 酵母菌
栄養生殖	植物が**栄養器官**（根・茎・葉）の一部から新個体を形成する。	オニユリ サトイモ
胞子生殖	合体せずに新個体を形成できる生殖細胞（**胞子**）が，単独で発芽して新個体を生じる。	アオカビ

問2　**体外受精**：魚類や両生類など，**水中で生殖を行う動物**でみられる。体外に放出さ

れた卵と精子が水中で受精する。

体内受精…は虫類，鳥類，哺乳類，昆虫など，陸上で生殖を行う動物でみられる。雌の体内で卵と精子が受精する。

---

61 一遺伝子雑種

問1　②　　問2　イ−①　ウ−③　エ−②
問3　オ−3　カ−1　キ−1　ク−2　ケ−1

解説 遺伝子は，卵や精子などの配偶子によって親から子へ渡される。

Point ホモ接合の親からは1種類，ヘテロ接合の親からは2種類の配偶子が生じる

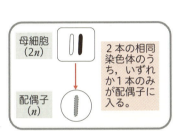
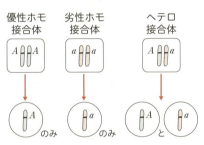

赤花純系個体（**AA**）から生じる配偶子の遺伝子型は A，白花純系個体（**aa**）から生じる配偶子の遺伝子型は a。よってこれらが受精して生じる F_1 の遺伝子型は **Aa** となる。

$F_1(Aa)$ から生じる配偶子は $A:a=1:1$ なので，これらが受精して生じる F_2 の遺伝子型と分離比は，

AA : Aa : aa = 1 : 2 : 1 となる。

AA と Aa は赤花，aa のみが白花となるので，F_2 では，

$$赤花:白花 = (\overset{AA}{1} + \overset{Aa}{2}) : \overset{aa}{1} = 3 : 1$$ となる。

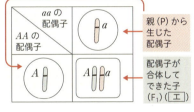
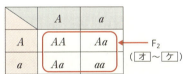

---

62 連鎖と独立

問1　ア−③　イ−①　ウ−④　カ−③　　問2　エ−⑤　オ−④

解説 問1　対立遺伝子（A と a，B と b など）は，相同染色体上の同じ位置（遺伝子座）に存在する。よって，同じ遺伝子座に A と B や a と b が位置している②や⑤はありえない染色体である。

「連鎖」とは，2対の対立遺伝子が同じ染色体上に存在している状態を指す。①の状態は「A と B，a と b がそれぞれ連鎖している」と表現され（　イ　），③の状態

は「A と b，a と B がそれぞれ連鎖している」と表現される（　ア　）。

「独立」とは，２対の対立遺伝子が異なる染色体上に存在している状態を指す。つまり，④が独立の状態を表す（　ウ　）。このとき，$F_1(AaBb)$ がつくる配偶子の遺伝子型とその分離比は，

$AB：Ab：aB：ab＝1：1：1：1$

となり，配偶子が合体して生じる F_2 の表現型とその分離比は，

$〔AB〕：〔Ab〕：〔aB〕：〔ab〕$
$＝9：3：3：1$ となる（　エ　）。

	AB	Ab	aB	ab
AB	〔AB〕	〔AB〕	〔AB〕	〔AB〕
Ab	〔AB〕	〔Ab〕	〔AB〕	〔Ab〕
aB	〔AB〕	〔AB〕	〔aB〕	〔aB〕
ab	〔AB〕	〔Ab〕	〔aB〕	〔ab〕

F_2（　エ　）

減数分裂では，対合した**相同染色体**の間で**染色体の交叉**，すなわち**乗換え**が起こることがある（**59** 減数分裂を参照）。連鎖した遺伝子間で乗換えが起こると，**連鎖していた遺伝子の組合せの変化**，すなわち**組換え**が起こる。遺伝子間で**乗換えが起こらない場合**，その二遺伝子は**完全連鎖**の状態にあると表現し，遺伝子間で**乗換えが起こる場合**，その二遺伝子は**不完全連鎖**の状態にあると表現する。

遺伝子 A と B，a と b が完全連鎖した F_1 がつくる配偶子は $AB：ab＝1：1$ である。よって，これらが受精して生じる F_2 の表現型とその分離比は，

$〔AB〕：〔Ab〕：〔aB〕：〔ab〕＝3：0：0：1$ となる（　オ　）。

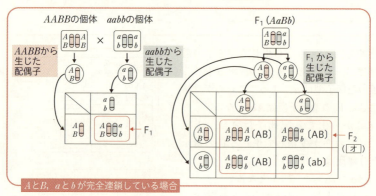

A と B，a と b が完全連鎖している場合

遺伝子 A と B，a と b が不完全連鎖した F_1 がつくる配偶子は乗換えが起こるため，減数分裂の途中で遺伝子のペアが変化し A と b，a と B が連鎖した染色体も生じる（　カ　）。

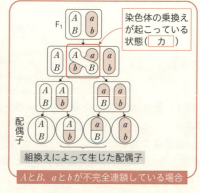

A と B，a と b が不完全連鎖している場合

63 染色体地図

問1　AB 間 −6%　BC 間 −16%　AC 間 −10%

問2　②

解説 問1　組換え価とは，すべての配偶子のうち組換えによって生じた配偶子の割合（%）を指す。

Point 組換え価

$$組換え価(\%) = \frac{組換えで生じた配偶子数}{全配偶子数} \times 100(\%)$$

　ただし，卵や精子といった配偶子を観察しても，その遺伝子型はわからないため，ヘテロ接合体を劣性ホモ個体と交配し，得られた子の表現型から組換え価を求める。このような，劣性ホモ個体との交配を検定交雑という。

Point 検定交雑

　ある個体（X）と劣性ホモ個体との交配。

→得られる子の表現型とその分離比は，X から生じた配偶子の遺伝子型とその分離比に一致する。

　$AaBb$ と $aabb$ の交配（検定交雑）の結果得られた子の表現型とその分離比は，$AaBb$ から生じた配偶子の遺伝子型とその分離比に一致するので，$AaBb$ から生じた配偶子は $AB : Ab : aB : ab = 47 : 3 : 3 : 47$。4種類の配偶子のうち，数が少ない2種類は組換えによって生じたものであるので，組換えによって生じた配偶子は Ab と aB。よって，

$$AB 間の組換え価(\%) = \frac{aB + Ab}{全配偶子数} \times 100(\%) = \frac{3+3}{47+3+3+47} \times 100(\%) = 6\,(\%)$$

　同様に，$BbCc$ から生じた配偶子は，$BC : Bc : bC : bc = 21 : 4 : 4 : 21$。組換えによって生じた配偶子は数が少ない Bc と bC。よって，

$$BC 間の組換え価(\%) = \frac{Bc + bC}{全配偶子数} \times 100(\%) = \frac{4+4}{21+4+4+21} \times 100(\%) = 16\,(\%)$$

　同様に，$AaCc$ から生じた配偶子は，$AC : Ac : aC : ac = 9 : 1 : 1 : 9$。組換えによって生じた配偶子は数が少ない Ac と aC。よって，

$$AC 間の組換え価(\%) = \frac{Ac + aC}{全配偶子数} \times 100(\%) = \frac{1+1}{9+1+1+9} \times 100(\%) = 10\,(\%)$$

問2　組換えは，遺伝子間の距離が離れているほど起きやすい。すなわち，**組換え価の大きさ（%）は遺伝子間の距離がどれだけ離れているか**を表す。組換え価をもとに，遺伝子が染色体上でどのように位置しているかを表した図を染色体地図という。

　問1より，それぞれの遺伝子間の組換え価は AB 間が6%，BC 間が16%，AC 間が10%。よって**組換え価が最も大きい BC が染色体上で最も離れており，A は B と C の間**に位置しているといえる。また，AB 間6%，AC 間10% であることから，A は C

よりも B 寄りに位置していることがわかる。よって，これらの染色体地図は右図のようになる。

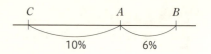

問1 (1) O型　(2) A型，B型
問2 複対立遺伝子

解説 ABO 式血液型は，第9染色体上に存在する遺伝子によって決定する。血液型は，3種類の対立遺伝子 A，B，O の組合せによって決定する。このように，**対立遺伝子が3**

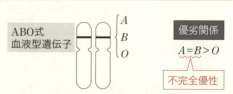

つ以上であるものを<u>複対立遺伝子</u>という。**A と B** の間には優劣関係はなく，このような関係を<u>不完全優性</u>という。また，O は A と B のいずれに対しても劣性であるため，血液型と遺伝子型の関係は次の表のようになる。

問1 (1) 両親がいずれも O型，すなわち遺伝子型 OO である場合は，OO，すなわちO型の子どもしか生まれない。

(2) AB型，すなわち遺伝子型 AB の親から生じる配偶子は A と B。O型，すなわち遺伝子型 OO の親から生じる配偶子は O のみ。よってこれらが受精すると遺伝子型 AO（A型）の子と，遺伝子型 BO（B型）の子が生まれる。

血液型	遺伝子型
A型	AA，AO
B型	BB，BO
AB型	AB
O型	OO

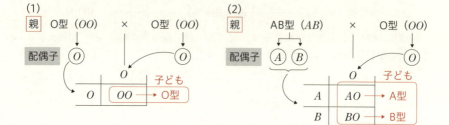

問1 ⑤　**問2** ②　**問3** ③
問4 ①　**問5** ④

解説 **問1** 成熟花粉は，花粉管細胞（n）と内部の雄原細胞（n）とからなる。花粉管が伸長し始めると，<u>雄原細胞</u>は花粉管の中で体細胞分裂し，**2個の精細胞（n）**を生じる。

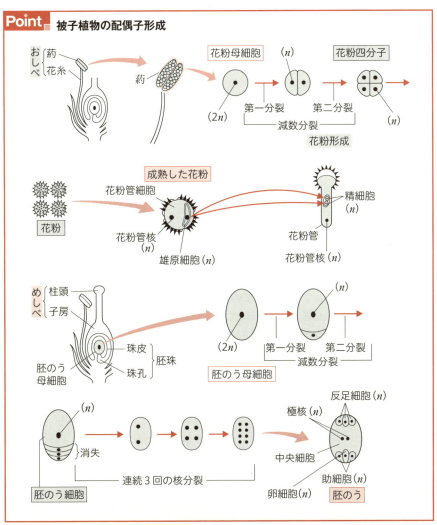

Point 被子植物の配偶子形成

花粉母細胞 (n) 花粉四分子

おしべ〔葯／花糸〕 葯

($2n$) 第一分裂 第二分裂 (n)

減数分裂

花粉形成

成熟した花粉

花粉管細胞

花粉

花粉管核 (n) 精細胞 (n)

雄原細胞 (n) 花粉管 花粉管核 (n)

めしべ〔柱頭／子房〕

珠皮／珠孔〔胚珠〕

胚のう母細胞

($2n$) 第一分裂 第二分裂 (n)

減数分裂

胚のう母細胞

(n) 消失

胚のう細胞 連続3回の核分裂

反足細胞 (n) 極核 (n) 中央細胞 助細胞 (n) 卵細胞 (n) 胚のう

問2 ① 胚のう母細胞($2n$)は体細胞分裂ではなく**減数分裂**を行う。減数分裂により生じた4個の娘細胞のうち**3個は退化・消失**し，**1個だけが胚のう細胞**（**n**）となる。

② 胚のう細胞は3回の核分裂のあとで細胞質分裂を行い，**8核7細胞からなる胚のう**を生じる。

Point 胚のうは8核7細胞からなる

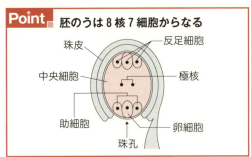

珠皮 反足細胞 中央細胞 極核 助細胞 卵細胞 珠孔

③ 胚のうの核のうち，卵細胞の核となるのは2つではなく1つ。

④ 胚のうの核のうち，助細胞の核となるのは3つではなく2つ。

⑤ 胚のうの核のうち，反足細胞の核となるのは3つだが，反足細胞と中央細胞は異なる細胞。1個の中央細胞は2個の核をもち，この核は極核と呼ばれる。

問3 胚乳細胞は，精細胞（n）と，2個の極核をもつ中央細胞（$n+n$）が融合して生じるため，核相は$3n$。

問4 受精卵は，細胞分裂を繰り返して胚と胚柄を形成する。胚は幼植物体へと成長する。胚柄は初期には胚へ栄養を送るはたらきをもつが，種子の発達にともない退化・消失する。種皮は珠皮が変化し

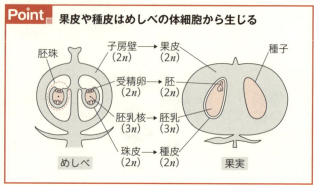

Point 果皮や種皮はめしべの体細胞から生じる

たもので，受精卵ではなく母親（卵細胞提供親）の体細胞からなる。

問5 受精卵を生じる受精と胚乳細胞を生じる受精の2つの受精が同時に起こる重複受精は，被子植物でのみみられる現象である。イチョウは裸子植物であり，重複受精は行わない。

---

66 動物の精子形成

ア—⑤　イ—③　ウ—⑧　エ—①　オ—⑩　カ—⑦　キ—⑱
ク—④　ケ—⑨　コ—㉑　サ—㉒　シ—㉓

解説 精子形成では均等な減数分裂が行われ，1個の一次精母細胞からは4個の精細胞が生じる。精細胞は変形し，運動能力をもつ精子となる。

Point 精子形成は精巣で行われる

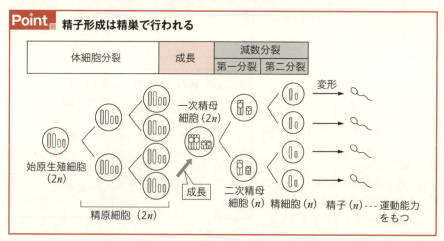

56

Point　精子変態と精子の構造

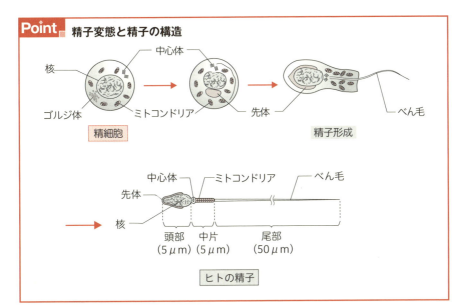

ゴルジ体から生じる先体には，受精の際に卵の膜を溶かすさまざまな加水分解酵素が含まれる。

尾部は，細胞膜で包まれた細胞質を含む長い突起であるべん毛からなる。べん毛の内部には，細胞骨格である微小管が規則的に配列して伸びている。微小管は，中片の中心体から生じている。

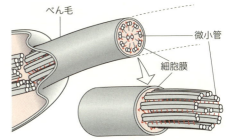

---

67 動物の卵形成

問1　アー⑫　イー⑪　ウー①　エー⑨　オー④　カー⑤　キー⑧
　　　クー②

問2　イー②　ウー②　エー①　オー①　カー①

解説　卵形成では不均等な減数分裂が行われ，1個の一次卵母細胞からは1個の卵と，2〜3個の極体とが生じる。極体は受精することなく退化・消失する。極体を放出した部分は動物極，その反対側は植物極となる。

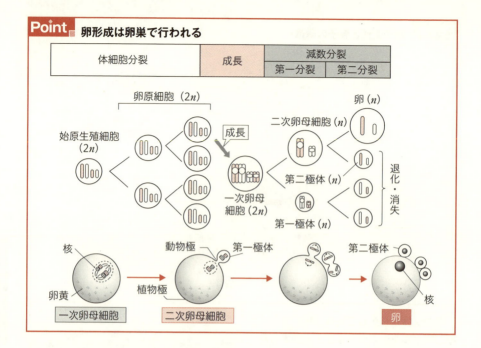

Point 卵形成は卵巣で行われる

体細胞分裂	成長	減数分裂	
		第一分裂	第二分裂

卵原細胞（2n）

始原生殖細胞（2n）

成長

二次卵母細胞（n）　卵（n）

一次卵母細胞（2n）

第二極体（n）

第一極体（n）

退化・消失

核　卵黄　一次卵母細胞

動物極　第一極体　植物極　二次卵母細胞

第二極体　核　卵

68　ウニの受精

問1　④　　問2　④
問3　③　　問4　①

解説 問1，問2　未受精卵の**細胞膜**(b)の外側は**卵膜（卵黄膜）**(a)と接しており，その外側は**ゼリー層**(e)で覆われている。精子がゼリー層に達すると，精子の先端が**先体突起**となって伸び，卵の細胞膜にまで達する。すると，卵の細胞膜直下にあった**表層粒**(X)が細胞膜と融合して細胞膜と卵膜の間(c)に酵素などの内容物を放出（**エキソサイトーシス**）する。この内容物により**卵膜が厚く硬い受精膜**(d)へと変化する。

問3　複数の精子が進入すると，卵は正常発生できない。よって，受精後に**受精膜**というバリアを形成するなど，複数の精子の進入を防ぐしくみが存在する。

問4　① **シナプス小胞**が細胞膜と融合して**神経伝達物質**をエキソサイトーシスする，表層粒の内容物放出と同じしくみ。

② 細胞外の異物を細胞膜に包み込むようにして取り込む，**エンドサイトーシス**による。

③ 浸透圧差により細胞膜外へと水が移動することによる。水の移動はアクアポリン（水チャネル）を通ることによるもので，**エキソサイトーシスではない。**

④ ナトリウムポンプが細胞内で結合した Na^+ を排出する能動輸送によるもので，**エキソサイトーシスではない。**

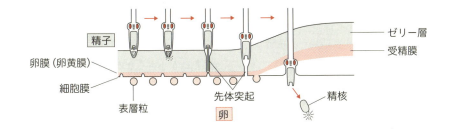

| 精子 | | ゼリー層 |
| | | 受精膜 |

卵膜（卵黄膜）
細胞膜
表層粒
先体突起
精核
卵

---

69 ウニの発生

問1　E→B→A→C→D

問2　A−胞胚　C−原腸胚　D−プルテウス幼生

問3　ア−④　イ−⑦　ウ−⑥　エ−⑤

問4　②，③

解説 問1　ウニでは，16細胞期に割球の大きさに差が生じる。また，ふ化は胞胚期に起こることや，三胚葉の分化が原腸胚期に起こることも確認しておこう。

Point　ウニの発生

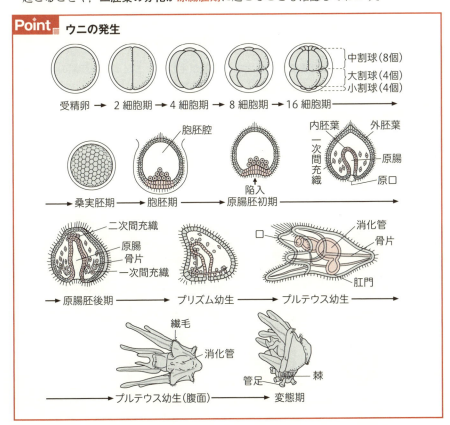

受精卵 → 2細胞期 → 4細胞期 → 8細胞期 → 16細胞期

中割球（8個）
大割球（4個）
小割球（4個）

胞胚腔
内胚葉　外胚葉
一次間充織
原腸
原口

→ 桑実胚期 → 胞胚期 → 原腸胚初期

陥入

二次間充織
原腸
骨片
一次間充織

消化管
骨片
肛門

→ 原腸胚後期 → プリズム幼生 → プルテウス幼生

繊毛
消化管

管足　棘

→ プルテウス幼生（腹面） → 変態期

問3　　イ　　発生初期の体細胞分裂は卵割と呼ばれ，卵割によって生じた娘細胞は割球と呼ばれる。卵割は，次の3つの特徴をもつことも知っておこう。

1．分裂速度が大きい。

2．割球の成長をともなわないため，徐々に割球が小さくなる。

3．すべての細胞の分裂のタイミングが揃った同調分裂を行う。

　　エ　　ウニでは，胞胚期に受精膜が破れてふ化する。

問4　①　ウニでは神経管は生じないので誤り。

②　原腸胚期には，胚の外側を覆う外胚葉，原腸の壁を構成する内胚葉，その間の胞胚腔に位置する中胚葉が分化する。

③　原腸胚期には植物極付近の細胞が胚の内側へ陥入し始め，原腸がつくられる。

④　原腸は将来消化管になる。ウニでは，原腸の入り口である原口は肛門になる。なお，消化管や肛門が完成するのはプルテウス幼生の時期。

70 カエルの発生

アー灰色三日月環　イー割球　ウー等割　エー不等割
オー桑実胚　カー卵割腔　キー胞胚　クー少な　ケー胞胚腔
コー原腸胚　サー植物　シー原口　スー原腸　セー中　ソー外
ター内　チー神経胚　ツー神経管　テー尾芽胚　トーオタマジャクシ幼生

解説 カエルでは，8細胞期に割球の大きさに差が生じる。また，原腸胚期の後に神経胚期があること，ふ化は尾芽胚期に起こることも確認しておこう。

Point カエルの発生

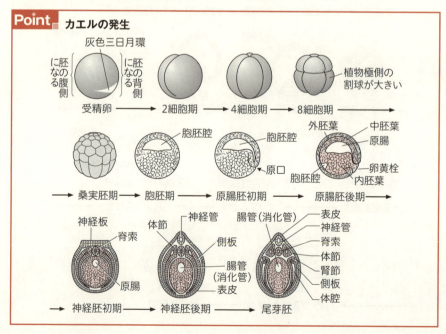

ア 　精子進入点の反対側には，灰色三日月環という周囲と色の異なる三日月状の構造ができる。灰色三日月環の側は将来背側に，精子進入点の側は将来腹側になる。

イ 〜 エ 　同じ大きさの割球を生じる卵割は等割，異なる大きさの割球を生じる卵割は不等割という。カエルでは第三卵割で不等割が起こり，8細胞期では動物極側よりも植物極側の割球の方が大きい。受精卵に含まれる卵黄は，卵割を妨げるようにはたらく。カエルの卵では，卵黄は植物極に偏って分布するので植物極側は卵割が起こりにくく，大きい割球が生じる。

セ 〜 タ 　カエルでもウニと同じく原腸胚期に三胚葉が分化する。外胚葉からは将来，神経や表皮などが分化する。中胚葉からは筋肉や骨などが分化する。内胚葉からは消化管の上皮などが分化する。

Point 各胚葉から分化する器官

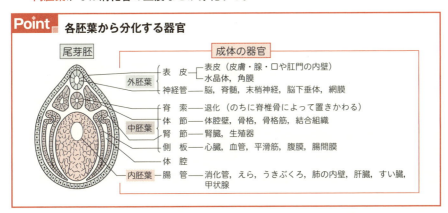

---

71 誘導
問1　ア−原口背唇部　イ−形成体(オーガナイザー)　ウ−誘導
　　　エ−水晶体　オ−角膜　カ−誘導の連鎖
問2　中胚葉誘導

解説 誘導は，からだの構造ができていく多くの過程で起きている。

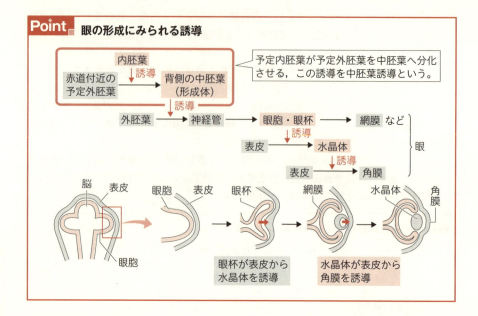

予定内胚葉が予定外胚葉を中胚葉へ分化させる，この誘導を中胚葉誘導という。

眼杯が表皮から水晶体を誘導

水晶体が表皮から角膜を誘導

72 ショウジョウバエの発生
⑤

解説 **母性因子**：未受精卵の細胞質に存在し，受精卵の**発生に影響を与える mRNA** や**タンパク質**。

例）**ビコイド** mRNA…ショウジョウバエの卵の**前方**に多く存在する母性因子。

ナノス mRNA…ショウジョウバエの卵の**後方**に多く存在する母性因子。

ホメオティック遺伝子：この遺伝子がはたらかないと，**からだの一部が別の部分の構造に置き換わってしまう変異**を起こす遺伝子。このような変異は**ホメオティック突然変異**という。

例）ショウジョウバエでみられるホメオティック突然変異

・**アンテナペディア突然変異**…頭部の，触角が形成される位置に脚が生える。

・**バイソラックス突然変異**…胸部の，本来一対 2 枚である翅が二対 4 枚となる。

73 ABC モデル
問1　アーがく片　イー花弁　ウーおしべ　エーめしべ
問2　遺伝子 *A* の欠損変異体：領域1－めしべ　領域2－おしべ
　　　領域3－おしべ　領域4－めしべ
　　遺伝子 *B* の欠損変異体：領域1－がく片　領域2－がく片　領域3－めしべ
　　　領域4－めしべ
　　遺伝子 *C* の欠損変異体：領域1－がく片　領域2－花弁　領域3－花弁
　　　領域4－がく片

解説 問1　花の構造は，どの植物でも**外側から内側へ向かって**「**(外)がく片→花弁→おしべ→めしべ(内)**」となっている。

問2　正常な個体において各領域ではたらく遺伝子と生じる構造は右の図のようになる。

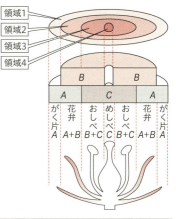

「遺伝子 $C(A)$ の機能が欠失すると遺伝子 A (C) が領域3および領域4（領域1および領域2）でもはたらくようになる」とある。よって，遺伝子 A の欠損変異体は**遺伝子 C が全域ではたらくようになる**ため，表1のような構造となる。

遺伝子 B が欠損しても，**遺伝子 A と遺伝子 C の発現領域は変わらない**ため，表2のような構造になる。

遺伝子 C が欠損すると，**遺伝子 A が全域ではたらくようになる**ため，表3のような構造になる。

表1	領域1	領域2	領域3	領域4
発現する遺伝子		B		
	C			
生じる構造	めしべ C	おしべ $B+C$	おしべ $B+C$	めしべ C

表2	領域1	領域2	領域3	領域4
発現する遺伝子		A		C
生じる構造	がく片 A	がく片 A	めしべ C	めしべ C

表3	領域1	領域2	領域3	領域4
発現する遺伝子		B		
	A			
生じる構造	がく片 A	花弁 $A+B$	花弁 $A+B$	がく片 A

74　細胞の分化能

ア−⑤　イ−⑨　ウ−⑧　エ−⑩　オ−⑥

解説（1）　**幹細胞**：**分裂する能力（分裂能）**と，**いろいろな種類の細胞へ分化する能力（多分化能）**を併せもつ細胞。

ⓘ　**組織幹細胞**…成体の体内に存在する幹細胞。

・分化できる細胞の**種類は限定的**。

・骨髄中の**造血幹細胞**は，いろいろな種類の血球へ分化できる。

・肝臓中の肝幹細胞は，肝細胞や胆管上皮などへ分化できる。

ⓘⓘ　**ES細胞（胚性幹細胞）**…哺乳類の胚から取り出した細胞に**由来する**幹細胞。

胚を破壊しないと取り出せないため，ヒトES細胞の作製は倫理面から多くの国で規制されている。

（2）　**iPS細胞（人工多能性幹細胞）**：**体細胞にいくつかの遺伝子を導入する**ことで作成された，**分裂能と多分化能をもつ細胞**。

自身の細胞を用いて作成すれば，倫理面の問題も回避でき，かつ**拒絶反応**も起こらないため，**再生医療**への期待が高い。

10 動物の反応と行動

75 ニューロン
ア－② イ－⑤ ウ－③ エ－⑦ オ－⑪ カ－⑨ キ－⑩ ク－⑧

解説 運動神経や脳などの神経系で，情報を伝えるのにはたらく**細胞を**ニューロン（神経細胞）という。

Point **ニューロンの構造**

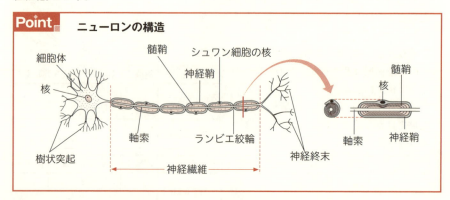

細胞体　核　髄鞘　シュワン細胞の核　神経鞘　髄鞘　核　軸索　軸索　ランビエ絞輪　神経鞘　樹状突起　神経終末　神経繊維

髄鞘…軸索にシュワン細胞が巻きついた構造。
無髄神経繊維…髄鞘をもたないニューロン。
有髄神経繊維…髄鞘をもつニューロン。
　・伝導速度の大きい，跳躍伝導が起こる。
　・髄鞘と髄鞘の間の，**軸索がむき出しになった部分を**ランビエ絞輪という。

Point **跳躍伝導のしくみ**

刺激　髄鞘　ランビエ絞輪　軸索

●電位変化は細胞膜がむき出しの部分でだけ起こるので，電位変化は**ランビエ絞輪からランビエ絞輪へ**と髄鞘を**飛び越えて**伝わる。
●軸索では，興奮は細胞膜に起こる電位変化で伝えられる。

76 静止電位と活動電位

ア−⑤　イ−④　ウ−⑨　エ−⑥　オ−②　カ−⑦　キ−③　ク−①

解説 膜電位…細胞膜**外**を0mVとしたときの細胞膜**内**の電位。

静止電位…ニューロンが興奮していないときの，**−70mV**程度の膜電位。

　ナトリウムポンプがNa^+を細胞外へ，K^+を細胞内へ能動輸送した結果，細胞膜を介したNa^+とK^+の濃度勾配が発生する。K^+が濃度勾配に従いK^+チャネルを通って**細胞外へ流出**した結果，**細胞外に対して細胞内が負**になる静止電位が発生する。

活動電位…ニューロンが興奮したときに生じる，100mV程度の膜電位変化。

　電気刺激を受けたことによりNa^+チャネルが開き，Na^+**が濃度勾配に従って細胞内へ流入**した結果，活動電位が発生する。

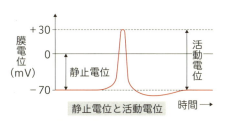

静止電位と活動電位

77 興奮の伝達

問1　ア−①　イ−②　ウ−⑥　エ−⑦
問2　④　　問3　(1)　⑦　　(2)　①

解説 シナプス前細胞から放出された神経伝達物質がシナプス後細胞に受容されると，シナプス後細胞の膜電位が変化する。

Point. 伝達のしくみ

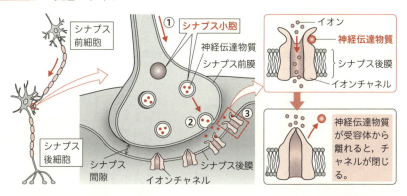

興奮性神経伝達物質：Na^+を流入させ，シナプス後細胞の**興奮を引き起こす**神経伝達物質。例）ノルアドレナリン，アセチルコリン，グルタミン酸など。

抑制性神経伝達物質：Cl^-を流入させ，シナプス後細胞の**興奮を抑制する**神経伝達物質。例）γ−アミノ酪酸(GABA)，グリシンなど。

問2　興奮が軸索末端に近づくと，膜電位変化により開く Ca^{2+} チャネル（電位依存性 Ca^{2+} チャネル）が開き，Ca^{2+} が細胞内に流入する。シナプス小胞が細胞膜と融合するのは，Ca^{2+} のはたらきによる。

問3　体内では，さまざまな神経伝達物質がはたらいているが，**乳酸は神経伝達物質としてははたらかない**。

Point　神経伝達物質

ノルアドレナリン：交感神経の末端から放出される神経伝達物質。
アセチルコリン：副交感神経の末端・運動神経の末端から放出される神経伝達物質。

78　眼

問1　アー⑤　イー③
問2　7
問3　(1)　①→④→⑤→⑦
　　 (2)　②→③→⑥→⑧

解説　問1　**水晶体**は，カメラのレンズと同じく**光を屈曲させる**はたらきをもつ。屈曲した光はカメラではフィルムに，眼では**網膜**に像を結ぶように集められる。

問2　光は，網膜に存在する**視細胞**（**桿体細胞**と**錐体細胞**）によって受容される。視細胞は網膜全域に存在するが，**視神経繊維が網膜を内から外へ貫いている部位にだけは存在しない。よって，この部位に当たった光は受容されない。**この部位が**盲斑**である。

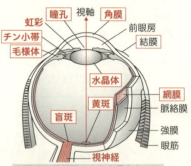

右眼の水平断面を上から見たところ

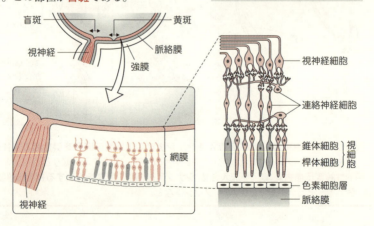

問3　遠近調節は，**水晶体の厚さを変えることによって行われる**。近くを見るときには水晶体を厚く，遠くを見るときには水晶体を薄くする。**水晶体の厚さ**は，**毛様体**の中にある**毛様筋**が**収縮・弛緩することにより変化**する。「目が疲れたときに遠いところを見ると目が休まる」のは，遠いところを見るときは自然と毛様筋が弛緩（力を抜く）ため。

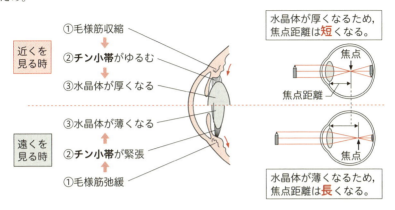

近くを見る時
①毛様筋収縮
②**チン小帯**がゆるむ
③水晶体が厚くなる

水晶体が厚くなるため，焦点距離は短くなる。
焦点
焦点距離

遠くを見る時
③水晶体が薄くなる
②**チン小帯**が緊張
①毛様筋弛緩

水晶体が薄くなるため，焦点距離は長くなる。
焦点

79 耳
ア−⑩　イ−③　ウ−⑪　エ−⑦　オ−⑤　カ−⑬　キ−④　ク−②　ケ−⑫
コ−⑨　サ−⑧　シ−①　ス−⑥

解説 耳の各部の名称と，聴覚が発生するまでの過程を確認しよう。

Point　**耳の構造**

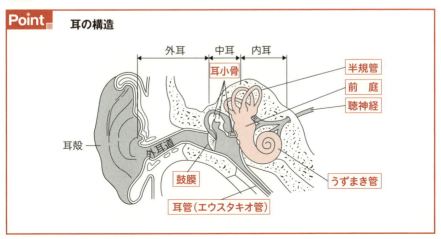

外耳　中耳　内耳
耳小骨
半規管
前庭
聴神経
耳殻
外耳道
うずまき管
鼓膜
耳管（エウスタキオ管）

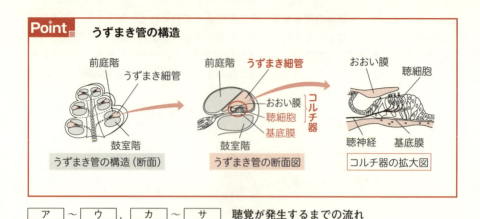

Point うずまき管の構造

前庭階
うずまき細管
鼓室階
うずまき管の構造（断面）

前庭階　うずまき細管
おおい膜
聴細胞
基底膜
コルチ器
鼓室階
うずまき管の断面図

おおい膜　聴細胞
聴神経　基底膜
コルチ器の拡大図

| ア | ～ | ウ | , | カ | ～ | サ | 聴覚が発生するまでの流れ |

中耳　　　　うずまき管内

音波 → 鼓膜の振動 → 耳小骨の振動 → リンパ液の振動 → 基底膜の振動 → 聴細胞の興奮 → 聴神経の興奮 → 大脳の聴覚中枢の興奮

コルチ器…**基底膜上に存在する，聴細胞とおおい膜からなる構造。**
　基底膜が振動すると，聴細胞の上部の感覚毛がおおい膜に触れ，聴細胞が興奮する。

| エ | , | オ | 耳管の役目 |

　中耳は，**耳管（エウスタキオ管）**によって**咽頭（のどの奥）**につながる。耳管は通常は閉じているが，つばを飲み込んだりあくびをしたりすると一瞬開く。高層ビルの高速エレベーターに乗った時など鼓膜を介して気圧差が生じたときは，無意識のうちに耳管を開き，**中耳の気圧調節**を行っている。

| シ | , | ス | 平衡感覚器としての耳 |

前庭…**傾き（重力方向）の感知**にはたらく。
半規管…**回転の方向やスピードの感知**にはたらく。

80 大脳の機能局在
　　a－② b－① c－⑤

解説 大脳は皮質と髄質からなり，さまざまな機能は皮質が担う。皮質はさらに新皮質，原皮質，古皮質に分けられ，ヒトでは新皮質の発達が著しい。
　新皮質は位置ごとに異なる機能を担っており，そのはたらきによって運動野，感覚野，連合野の３種類に分けられる。

Point 　大脳の構造と機能局在

大脳｛
　皮質｛
　　新皮質｛
　　　運動野…各種の**随意運動の命令を出す**領域。
　　　感覚野…視覚や聴覚などの**感覚情報を処理する**領域。
　　　連合野…思考・記憶・認知・判断など**高度な情報を処理する**領域。
　　原皮質
　　古皮質｝あわせて辺縁皮質という。**情動・欲求・本能**に関係する。
　髄質

---

81 筋肉の構造
　問1　④
　問2　エ－② オ－⑤ カ－① キ－③ ク－④ ケ－⑥

解説 問2　骨格筋を構成する筋繊維（筋細胞）の細胞内には多くの筋原繊維が存在する。
　筋原繊維…アクチンタンパク質が集まった**アクチンフィラメント**とミオシンタンパク質が集まった**ミオシンフィラメント**からなる繊維状構造。
　・明るく見える明帯と，暗く見える暗帯が交互に並ぶ。
　・明帯の中央にあるＺ膜と隣のＺ膜の間をサルコメア（筋節）という。

---

82 筋収縮のしくみ
　ア－③ イ－② ウ－② エ－① オ－④ カ－③ キ－①

解説 　ア　　骨格筋の筋繊維は，**多数の細胞が融合してできたもの**であり，数百の核をもつ**多核細胞**となっている。なお，心筋や平滑筋は単核の細胞である。
　ウ　　筋原繊維内では，**細いアクチンフィラメントと太いミオシンフィラメント**が規則的に配置している。
　オ　　筋収縮は，アクチンフィラメントとミオシンフィラメントが結合することから始まるが，**両者の結合は，トロポニンとトロポミオシン**という２種類のタンパク質により阻害されている。**筋小胞体から放出されたCa^{2+}がトロポニンに結合すると，トロポミオシンの構造が変化し，ミオシンがアクチンフィラメントに結合できるように**なる。

<table>
<tr><td>カ</td><td>,</td><td>キ</td></tr>
</table>

ミオシンは ATP
アーゼ（ATP 分解酵素）のはたら
きももち，ATP を分解して生じ
たエネルギーを用いてアクチン
フィラメントをたぐり寄せる。そ
の結果，サルコメアが短縮し，筋
収縮が起こる。筋収縮時には**サル
コメアと明帯は短くなるが，暗帯
の長さは変化しない。**

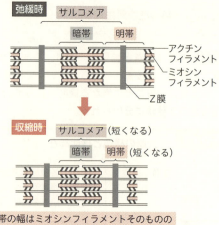

暗帯の幅はミオシンフィラメントそのものの
長さなので，収縮しても長さは変化しない。

83 神経筋標本

問1　40m/秒　　問2　3.2ミリ秒　　問3　4.7ミリ秒後

解説　問1　神経を刺激してから筋収縮が起こるまでの時間は，

（①**神経を興奮が伝導する時間**）＋（②**興奮が筋肉まで伝達される時間**）

＋（③**筋肉内部で収縮が起こるまでの時間**）

の**合計**である。

B点を刺激：（**3.5ミリ秒**）＝（①**12mm 伝導する時間**）＋（②伝達）＋（③筋収縮）

C点を刺激：（**4.0ミリ秒**）＝（①**32mm 伝導する時間**）＋（②伝達）＋（③筋収縮）

　（②伝達に要する時間）と（③筋収縮に要する時間）は，刺激した部位によらず同じで
あるので，この 2 つの時間差〔4.0－3.5＝**0.5（ミリ秒）**〕は，**伝導される距離の差**
32－12＝**20（mm）**によるもの。

　よって，伝導速度は，

$$\frac{〔距離〕\ 20\,(mm)}{〔時間〕\ 0.5\,(ミリ秒)}=\frac{20\times10^{-3}\,(m)}{0.5\times10^{-3}\,(秒)}$$
$$=40\,(m/秒)$$

問2　A点は**神経の末端**であるので，A点を刺激すると，②**伝達と**③**筋収縮のみが起こる。**

　B点を刺激したとき①12mm 伝導するのに要する時間は，**問1**で求めた伝導速度より，

$$\frac{〔距離〕\ 12\,(mm)}{〔速度〕40\,(m/秒)}=\frac{12\times10^{-3}\,(m)}{40\,(m/秒)}$$
$$=0.3\times10^{-3}\,(秒)=0.3\,(ミリ秒)$$

　よって，②伝達と③筋収縮に要する時間の和は，

3.5－①0.3＝②＋③3.2（ミリ秒）

問3　D点を刺激してから筋収縮が起きるまでの時間は，

D点を刺激＝（^{①}60mm 伝導する時間）＋（^{②}伝達＋^{③}筋収縮）

問1で求めた伝導速度より，^{①}60mm 伝導するのに要する時間は，

$$\frac{〔距離〕60(mm)}{〔速度〕40(m/秒)} = \frac{60 \times 10^{-3}(m)}{40(m/秒)}$$
$$= 1.5 \times 10^{-3}(秒) = 1.5(ミリ秒)$$

問2より，^{②}伝達と^{③}筋収縮に要する時間の和は3.2(ミリ秒)なので，

D点を刺激してから筋収縮が起こるまでの時間は，^{①}1.5＋$^{②+③}$3.2＝4.7(ミリ秒)

---

84 **動物の行動**

ア－①　イ－⑧　ウ－④　エ－③　オ－⑥　カ－⑨　キ－⑦　ク－②

解説　　**ア**　　生まれつき備わっている行動を生得的行動という。生得的行動を引き起こすきっかけになる刺激をかぎ刺激という。

　イ　　生得的行動は遺伝子に「どのように行動するか」が記されているため，行動は決まった順序で起こる。このような，**常に決まった形で起こる行動様式を固定的動作パターン**という。

　ウ，**エ**　　ミツバチはダンスによってなかまに餌場の情報を伝える。ダンスは円形ダンスと8の字ダンスの2種類があり，餌場が巣の近くにある場合は円形ダンスを，餌場が巣から遠い場合は8の字ダンスを踊る。

　オ　　生まれてからの経験によって獲得される行動を学習という。

　カ　　ある刺激によって引き起こされる反応が，全く関係のない刺激によって引き起こされるようになることを古典的条件づけという。反応を起こす本来の刺激を無条件刺激，全く関係のない刺激を条件刺激という。問題文の場合，肉片が口に入るという無条件刺激によって唾液分泌という反応が起こるが，全く関係のないベルの音という条件刺激によって唾液分泌が起こるようになっている。

　キ　　行動とその結果（報酬や罰）とを結びつけた学習をオペラント条件づけという。

　ク　　過去の経験をもとに，未経験の状況に対しても「このような結果になるだろう」と予測して行う行動を知能行動という。大脳皮質の発達したサルやヒトでみられる。

11 植物の反応

85 屈性と傾性

ア―② イ―① ウ―② エ―③ オ―① カ―① キ―④ ク―②
ケ―② コ―①

解説 **ア** ～ **ウ** 植物が刺激に応答して示す屈曲運動のうち，屈曲方向が**刺激が与えられた方向に依存するもの**を**屈性**という。刺激方向に近づくように屈曲する場合は**正の屈性**，刺激方向から**離れる**ように屈曲する場合は**負の屈性**という。

カ 植物が刺激に応答して示す屈曲運動のうち，**屈曲方向が刺激が与えられた方向に依存せず常に一定方向であるもの**を**傾性**という。

Point 屈性と傾性

屈性：屈曲方向と刺激方向に関連性がある。

性質	刺激	例
光屈性	光	茎(正)，根(負)
重力屈性	重力	茎(負)，根(正)
接触屈性	接触	巻きひげ(正)

傾性：刺激方向に関わらず，常に一定方向へ屈曲。

性質	刺激	例
接触傾性	接触	オジギソウの葉(触ると垂れ下がる)
温度傾性	温度	チューリップの開花
光傾性	光	タンポポの開花

ケ 傾性の多くは，植物の部分的な成長速度の差によって生じるもので，**成長運動**と呼ばれる。開花運動は花弁の成長運動による。

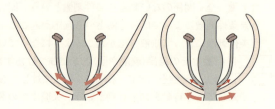

内側の成長速度の方が大きい
→ 花が開く

外側の成長速度の方が大きい
→ 花が閉じる

コ 傾性のなかには，**細胞の膨圧の変化**によって生じるものもあり，**膨圧運動**と呼ばれる。オジギソウの接触傾性は，葉の付け根にある葉枕細胞の膨圧が低下することによる膨圧運動である。

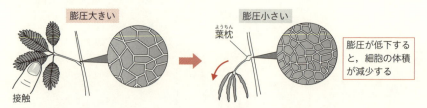

膨圧大きい

膨圧小さい

葉枕

接触

膨圧が低下すると，細胞の体積が減少する

問1　a-①　b-③　c-①　d-③
問2　②　　**問3**　②

解説 幼葉鞘が示す光屈性には，**オーキシン**という植物ホルモンが関係している。

Point オーキシンの特徴
① **先端で合成**される。
② **先端部→基部方向にのみ移動**する（**極性移動**）。
③ **伸長成長を促進**する。
④ **横から光を当てると，影側へ輸送される。**

問1　a　左から光を当てているため，先端で合成されたオーキシンは**影側である右側へ移動**し，そののち**基部側へ極性移動**する。そのため，伸長域の**オーキシン濃度は左側で低く，右側で高い**。オーキシンは伸長成長を促進するので，**伸長速度は左側は小さく，右側は大きい**。結果，幼葉鞘は左へ屈曲しながら成長する。

　　b　雲母片がオーキシンの移動を妨げる向きに差し込まれているため，横から光を当ててても**オーキシンの影側への移動は起こらず**，基部方向への**極性移動**だけが起こる。そのため，伸長域のオーキシン濃度は**左右で差はない**。結果，全体的に伸長促進され，幼葉鞘はまっすぐ上方に向かって成長する。

　　c　オーキシンの極性移動は影側である右側で起こるので，**左側に差し込まれた雲母片はオーキシンの移動に影響しない**。よって，雲母片が差し込まれていないaと同様に左へ屈曲しながら成長する。

　　d　オーキシンの基部方向への極性移動は影側である右側で起こるので，右側に差し込まれた雲母片により極性移動が妨げられる。結果，伸長域のオーキシン濃度は左右で差はなく同等に低い。よって，幼葉鞘は屈曲せずまっすぐ上方に向かって成長する。なお，伸長域のオーキシン濃度が低いため，bより成長は小さい。

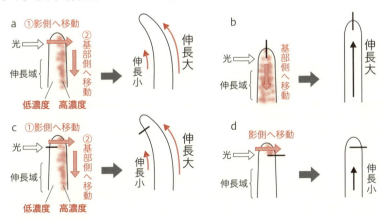

問3　先端で合成されたオーキシンは, **植物体の先端部にある芽(頂芽)の成長を促進し**, 頂芽よりも下にある芽(側芽)の成長を抑制する。この現象を**頂芽優勢**という。

① 種子の休眠を促進する植物ホルモンはアブシシン酸。

③ 花芽形成を促進する植物ホルモンはフロリゲン。

④ 果実成熟を促進する植物ホルモンはエチレン。

⑤ 落葉を促進する植物ホルモンはエチレン。

---

87 **植物ホルモンのはたらき**

(1)　③　　(2)　⑤　　(3)　④　　(4)　⑥

解説 (1)　**子房壁**が肥大したものが**果実**となる。本来, 子房壁の肥大は種子を生じる受精刺激によって引き起こされるが, ジベレリンは**受精刺激なしに子房壁の肥大を促進**する。そのため, ジベレリン処理により種子のない果実である**種なしブドウ**を作出することができる。

Point **植物ホルモンのはたらき**

オーキシン：伸長促進, **根の分化促進**, **頂芽優勢**

ジベレリン：伸長促進, **子房の肥大成長促進**, 種子の**発芽促進**

アブシシン酸：種子の**休眠促進**, **気孔閉鎖**

サイトカイニン：細胞分裂促進, **茎葉の分化促進**, 老化抑制

エチレン：**果実の成熟促進**, **離層**形成促進

ジャスモン酸：**傷害応答**, 落葉・落果促進

ブラシノステロイド：胚軸の成長促進, ストレス耐性強化

フロリゲン：花芽形成促進

---

88 **花芽形成**

問1　ア－長日植物　イ－短日植物　ウ－中性植物

問2　ア－①, ③, ④　イ－②, ⑤, ⑧

問3　限界暗期

解説 植物は, 温度や日長条件が整うと, 生殖器官である花を形成する。花の原基を**花芽**と呼ぶ。

Point **花芽形成と日長**

長日植物：日長が一定の長さ以上になると花芽形成する植物。

　例) **コムギ**, **ダイコン**, **ホウレンソウ**

短日植物：日長が一定の長さ以下になると花芽形成する植物。

　例) アサガオ, **ダイズ**, **キク**, オナモミ, **コスモス**

中性植物：日長とは関係なく, 一定の大きさになると花芽形成する植物。

　例) **トマト**, **キュウリ**, トウモロコシ

問3 長日植物や短日植物において，実際に花芽形成に重要なのは日長（明期の長さ）ではなく，**連続した暗期の長さ**である。長日植物や短日植物が**花芽形成するかしないか**を分ける暗期の長さを**限界暗期**という。長日植物では限界暗期よりも短い連続暗期条件で花芽形成が起こる。短日植物では限界暗期よりも長い連続暗期条件で花芽形成が起こる。

---

89 種子の発芽と光
ア－① イ－⑤ ウ－⑤

解説 多くの種子は，**発芽三条件**と呼ばれる「**酸素・適温・水**」が揃うと発芽する。しかし，発芽三条件に加えて**光照射を必要とする種子**があり，**光発芽種子**と呼ばれる。光発芽種子の発芽に対する効果は光の色（波長）によって異なり，**赤色光が最もよく発芽を促進する**。

> **Point** 発芽と光
> **光発芽種子**：光照射により発芽が促進される種子。
> **赤色光**照射が有効。
> →光が当たる，光合成ができる条件でのみ発芽することで，**発芽後に光合成が行えずに枯死する危険性が低い**というメリットがある。
> 例）**レタス**，タバコ，シロイヌナズナなど。

---

90 ホルモンによる発芽調節
ア－③ イ－① ウ－⑥ エ－⑤

解説 種子の発芽はアブシシン酸により抑制され，ジベレリンにより促進される。

> **Point** ジベレリンによる発芽促進作用
> ① 胚がジベレリンを合成し分泌する。
> ② ジベレリンは，**糊粉層**の細胞での**アミラーゼ遺伝子の発現を促進**する。
> ③ アミラーゼにより，**胚乳のデンプンが糖へと分解**される。
> ④ 糖は胚に取り込まれ，**呼吸基質として利用されると同時に胚内の浸透圧を上げ，吸水を起こす**ことで発芽を促す。

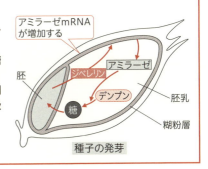

種子の発芽

解説 フィトクロムは，赤色光を受容する色素タンパク質で，すべての植物に存在する。2つの異なる構造があり，赤色光と遠赤色光を受けると可逆的に構造変化する。赤色光を受けると P_{FR} 型へ変化し，光発芽種子の発芽促進や，短日植物の花芽形成の抑制など，いろいろな生理反応にはたらく。

Point　**フィトクロムの構造変化**

・P_R 型は赤色光を受けると，P_{FR} 型へ変化する。
・P_{FR} 型は遠赤色光を受けたり，長時間の暗条件下に置かれると，P_R 型へと戻る。

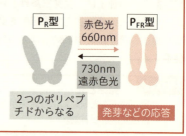

P_R型	赤色光 660nm	P_{FR}型
	← 730nm 遠赤色光	
2つのポリペプチドからなる		発芽などの応答

Point　**光受容体とそのはたらき**

光受容体	受容する光	はたらき
フォトトロピン	青色光	気孔開口，光屈性
クリプトクロム	青色光	茎の伸長成長の抑制
フィトクロム	赤色光	光発芽種子の発芽調節

生態と環境

12 生物群集と生態系

> **92** 個体群
> 問1　ア—⑧　イ—⑤　ウ—②　エ—①
> 問2　③　　問3　②，④

解説 問1

　　　ア　　個体群…ある範囲内に生息する同種の個体の集まり。

　　生物群集…ある範囲内に生息するいろいろな個体群の集まり。

　　　イ　，　ウ　　時間経過にともなう個体数の増加（個体群の成長）をグラフにしたものを成長曲線という。個体数ははじめは急激に増加するが，徐々に増加速度は低下していき，ある一定の個体数に達するとそれ以上増加しなくなる。つまり，ある環境で存在できる個体数には上限があり，この個体数のことを環境収容力という。

　　　エ　　密度効果…個体群の密度が変化したことが原因で生じる，さまざまな影響。

　　例）個体群密度の増加にともなう出生数の低下

　　　　　個体群密度の増加にともなう死亡率の増加

問2　個体群密度が増加すると，食料や生活空間が不足するとともに排出物が蓄積するなどの環境悪化が起こる。そのため死亡率の増加，出生率の低下が起き個体数が増えにくくなるため，個体数は一定の値に落ち着く。

問3　バッタの相変異や植物の最終収量一定の法則は，密度効果の例である。

Point　**バッタの相変異**

　　バッタは，幼虫時の個体群密度が高いと，通常の成虫個体（孤独相）とは形態や生理が異なる成虫個体（群生相）になる。このような，**個体群密度の違いによって生じる形態的・生理的変化**を相変異という。

孤独相（低密度時）

ふくらむ　　長い後肢

集合性なし　小さい卵を多く産む

群生相（高密度時）

平ら　　短い後肢

長い翅

集合性あり　少数の大きい卵を産む

---

① 低密度時に生じる孤独相は単独生活をするが，長い後肢をもつので誤り。

② 高密度時に生じる群生相の特徴であり，正しい。

③ 同じ資源（餌や空間）を利用する異なる2種を同一空間で飼育すると，資源をめぐる争いが起こる。その結果，争いに負けた種は絶滅することもあり，これを競争的排除という。ゾウリムシとヒメゾウリムシに関する③の記述はこの例であり，個体

群密度の変化にともなうものではないので誤り。

④　同じ面積の土地で個体群密度を変えてダイズを育てると，低密度条件では少数の個体が大きなダイズをつけ，高密度条件では多数の個体が小さなダイズをつける。その結果，**土地面積あたりのダイズの収穫量はほぼ一定**となる。これは，**個体群密度が低いと土地の養分や光などを十分に利用できるのに対し，個体群密度が高いとそれらが不足するためであり，個体群密度の変化にともなった個体の形態変化の例として適切**であり，正しい。

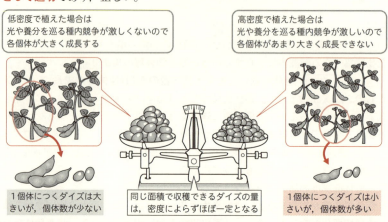

低密度で植えた場合は光や養分を巡る種内競争が激しくないので各個体が大きく成長する

高密度で植えた場合は光や養分を巡る種内競争が激しいので各個体があまり大きく成長できない

1個体につくダイズは大きいが，個体数が少ない

同じ面積で収穫できるダイズの量は，密度によらずほぼ一定となる

1個体につくダイズは小さいが，個体数が多い

93　個体群の変動

問1　生存曲線
問2　(1)　A　　(2)　C　　(3)　B　　(4)　A　　(5)　C　　(6)　C
問3　(1)　C　　(2)　A　　(3)　A　　(4)　B　　(5)　C　　(6)　B

解説　問1　出生時の個体数が，時間経過にともない減少していくようすを表した表を**生命表**，そのようすをまとめたグラフを**生存曲線**という。生存曲線の縦軸（個体数）は，**対数目盛りであることが多い。**

問2　生存曲線は3つの型に区分される。

Point　生存曲線

ヒト型（晩死型）：少産少死，**親の保護が厚い**
　例）大型哺乳類
ヒドラ型（平均型）：**生涯通じて死亡率一定**
　例）ヒドラ，小鳥
カキ型（早死型）：多産多死，**親の保護はほとんどない**
　例）魚貝類

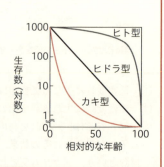

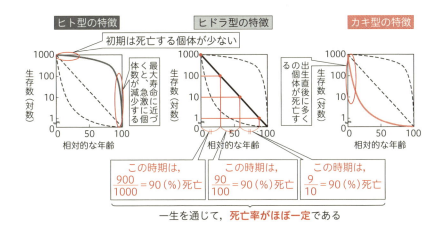

ヒト型の特徴 　ヒドラ型の特徴 　カキ型の特徴

初期は死亡する個体が少ない

この時期は，$\dfrac{900}{1000}=90$（％）死亡 　この時期は，$\dfrac{90}{100}=90$（％）死亡 　この時期は，$\dfrac{9}{10}=90$（％）死亡

一生を通じて，死亡率がほぼ一定である

　ヒト型とカキ型は対照的である。ヒト型は，初期の死亡率が低く，最大寿命に近づくと死亡率が急増する。出生数が少ないため親の保護が厚く，出生直後の死亡率が低い大型哺乳類などでみられる。カキ型は，初期の死亡率が高く，最大寿命まで生存できる個体は極めて少ない。一度に大量に産卵するため親が卵を保護せず，出生直後にほとんどの個体が死亡する魚貝類などでみられる。

　ヒドラ型は，**一定期間内の死亡率**（死亡数ではないことに注意！）が，**一生のどの時期でもほぼ一定である**という特徴をもつ。ヒドラのほか，小鳥など，捕食者に狙われる動物などでみられる。

第7章
生態と環境

94 生命表
ア－600　イ－60　ウ－160　エ－240　オ－180　カ－75　キ－100

解説 出生時の個体数が，**時間経過にともなって減少していくようすをまとめた表**を生命表という。

Point 生存数と死亡数
はじめの生存数 － 期間内の死亡数 ＝ 次の年齢のはじめの生存数
$\dfrac{\text{期間内の死亡数}}{\text{はじめの生存数}} \times 100（\%）＝$ 期間内の死亡率（％）

ア ： $1000 - $ ア $= 400$ 　∴ ア $= 1000 - 400 = 600$

イ ： $\dfrac{600}{1000} \times 100（\%）＝$ イ 　∴ イ $= 60（\%）$

ウ ： $\dfrac{\text{ウ}}{400} \times 100（\%）＝ 40.0（\%）$ 　∴ ウ $= 400 \times 40（\%）＝ 160$

エ ： $400 - 160 = $ エ 　∴ エ $= 240$

オ ： $240 - $ オ $= 60$ 　∴ オ $= 240 - 60 = 180$

$$\boxed{\text{カ}} : \frac{180}{240} \times 100(\%) = \boxed{\text{カ}} \qquad \therefore \quad \boxed{\text{カ}} = 75(\%)$$

$$\boxed{\text{キ}} : \frac{60}{60} \times 100(\%) = \boxed{\text{キ}} \qquad \therefore \quad \boxed{\text{キ}} = 100(\%)$$

95 個体数の推定法

問1　ア－区画法　イ－標識再捕法　　問2　320匹

解説 問1　植物や，移動能力の低い動物などの個体数を調べる際には，区画法が用いられる。調査区域を等面積の区画に分け，そのうちのいくつかの区画で個体数を調べる。区画あたりの平均個体数を求め，平均個体数と全区画数の積から全個体数を推定する。

<table>
<tr><td></td><td></td><td>6個体</td><td></td></tr>
<tr><td></td><td>5個体</td><td></td><td></td></tr>
<tr><td>4個体</td><td></td><td></td><td>3個体</td></tr>
<tr><td></td><td>8個体</td><td></td><td></td></tr>
</table>

例）調査区域を20区画に分け，そのうち5区画で個体数を調査した結果が左の図のようであった場合，区画あたりの平均個体数は，

$$\frac{4(個体)+8(個体)+5(個体)+6(個体)+3(個体)}{5(区画)}$$

$$= \frac{26(個体)}{5(区画)} = 5.2(個体/区画)$$

よって調査区域の全体個数は，

5.2(個体/区画) × 20(区画) = 104(個体)

と推定される。

問2　移動能力が高い動物などの個体数を調べる際には，標識再捕法が用いられる。捕獲した個体に標識をしてから戻し，十分に拡散したのちに再び捕獲し，1度目に捕獲・標識した個体数と，再捕獲した個体のうちの標識されている個体の割合から，全個体数を推定する。全個体数を x とすると，

全個体数	:	1度目の捕獲・標識個体数	=	再捕獲個体数	:	標識再捕獲個体数
x	:	20	=	80	:	5

より，$x = \dfrac{20 \times 80}{5} = 320$（個体）となる。

96 個体群内の相互作用

(1)　⑤　　(2)　⑦　　(3)　⑥　　(4)　⑧　　(5)　③

解説 (1)　資源（餌や空間）などをめぐる争いは，一般に競争と呼ばれる。競争は，同種他個体との種内競争と，異種他個体との種間競争とに分けられる。個体群は同種の生物の集まりであるので，個体群内の競争は種内競争である。

(2)　動物が行動する範囲を行動圏といい，行動圏の中で他個体を排除し，占有する空間を縄張り（テリトリー）という。縄張りは，魚類・鳥類・哺乳類・昆虫類などで多くの例が知られている。個体が縄張りをつくる動機には餌の獲得，子孫の保育などの安全確保があげられる。川にすむアユは餌となるコケを確保するために縄張りをもつ。

(3)　個体群内での優位と劣位の関係を順位といい，順位によって群れの秩序が保たれて

いる状態を順位制が成立していると表現する。順位制が成立すると，劣位の個体が優位の個体と争うことがなくなり，**個体群内の無益な争いが少なくなる**。

(4) **群れ**による集団行動は，共同で餌を探したり，外敵から身を守りながら子育てをしたりするのに役立つ。

(5) **高度に組織化された集団で生活する昆虫を社会性昆虫**といい，その集団は**コロニー**と呼ばれる。社会性昆虫であるミツバチやアリは採餌・営巣・育児・防衛などを分業化して高度に組織化されたコロニーで生活する。社会性昆虫では**情報伝達（コミュニケーション）手段が発達**しており，**フェロモン**や視覚・触覚などをたくみに使って，複雑な集団行動を行っている。

---

97 個体群間の相互作用
a－種間競争　b－寄生　c－相利共生　d－片利共生

解説 **a－種間競争**：餌や生活空間など，要求する資源が似ている**異種個体群間で起こる，資源をめぐる争い**。どちらの種からみても，一方の存在は他方にとって不利益にはたらく。
　例）ゾウリムシ（－）とヒメゾウリムシ（－）…１つの容器で混合培養すると，食物をめぐる種間競争が起こる。この場合，からだが小さいため少ない餌で生息できるヒメゾウリムシが種間競争に勝ち，ゾウリムシは絶滅する（**競争的排除**）。

b－寄生：生物（宿主）の**体表もしくは体内で他の生物（寄生者）が生息**し，それにより**宿主が不利益を受け，寄生者が利益を得る関係**。
　例）サナダムシ（＋）とヒト（－）…サナダムシはヒトの消化管内に寄生し，ヒトが摂食した食物に由来する栄養を吸収して生活する。

c－相利共生：異種の生物が，**互いに利益を受けながら生活する関係**。
　例）マメ科植物（＋）と根粒菌（＋）…マメ科植物は根粒菌が窒素固定により合成した NH_4^+ を受けとる。根粒菌はマメ科植物が光合成で合成した有機物を受けとる。

d－片利共生：異種の生物のうち一方が利益を受け，他方は利益も不利益も受けない関係。
　例）サメ（0）とコバンザメ（＋）…コバンザメは，背中にもつ吸盤で大型のサメの腹部に吸いつき，サメが食べこぼした餌を食べる。また，コバンザメは移動するサメに吸着することで移動に要するエネルギーを節約できる。

---

98 生産力ピラミッド
問1　B－④　G－①　P－⑥　R－③　F－⑧
問2　(1) 380　　(2) 50　　(3) 5

解説 問1　ある一定期間内に**各栄養段階が利用したエネルギー収支**を，栄養段階が下位のものから順に積み上げたものを**生産力ピラミッド**という。

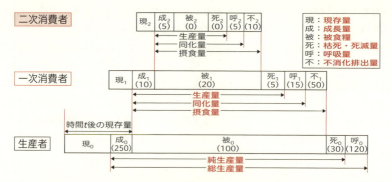

問2 (1) 生産者の**総生産量は光合成量**に相当し，**純生産量は見かけの光合成量**に相当
する。すなわち**純生産量は総生産量から呼吸量を引いた量**。よって，

(生産者の純生産量) = (総生産量：250 + 100 + 30 + 120) − (呼吸量：120) = 380

(2) 消費者の**同化量**は，**摂食量から不消化排出量を引いた量**，すなわち**成長量と被食
量，死滅量，呼吸量の和**である。よって，

(一次消費者の同化量) = (成長量：10) + (被食量：20) + (死滅量：5) + (呼吸量：15) = 50

(3) 消費者の**生産量**は，**同化量から呼吸量を引いた量**，すなわち**成長量と被食量，死
滅量の和**である。よって，

(二次消費者の生産量) = (成長量：5) + (被食量：0) + (死滅量：0) = 5

---

99 生物多様性

ア − 生態系　イ − 種　ウ − 遺伝的　エ − 降水量

解説 地球上の生物は，さまざまな環境に適応した結果，現在では数千万種もの生物が
いると推定されている。これらの生物は直接的・間接的に支えあっており，このような
複雑で多様な生物のつながりを<u>生物多様性</u>という。

> **Point**　　**生物多様性**
>
> 　生物多様性は3つの視点から，生態系多様性，種多様性，遺伝的多様性に分けられる。
> **生態系多様性**…地球上に森林，草原，荒原など，**さまざまな生態系が存在すること。**
> 　　生態系多様性が高い地域では，環境に応じていろいろな生物が生息するため，種
> 　　多様性も高くなる。
> **種多様性**…生態系の中に，**多くの種類の生物が存在すること。**
> **遺伝的多様性**…1つの生物種の集団に，**多様な遺伝子構成が存在すること。**
> 　　遺伝的多様性が高いと，環境が悪化したときに生き残る個体がいる可能性が高い
> 　　ので，環境変化への適応力が高いといえる。

生命の進化

13 生命の起源と進化

---

100 化学進化と生命の誕生
問1　②　　問2　③　　問3　③
問4　②　　問5　③
問6　オー②　カー①

解説 **問1**　地球は約46億年前に誕生した。生物の化石として最も古いものが約35億年前の地層から発見されていることや，38億年前の地層から生物が存在していた痕跡がみつかっていることから，最初の生物は約40億年前に出現したと考えられている。

問2　ミラーは，原始地球の大気を想定した混合ガス（仮想原始大気）に，加熱・火花放電・冷却を繰り返し与え，アミノ酸が合成されることを確認した。これにより，生物が存在しない条件下でも雷の電気エネルギーなどにより無機物から有機物が生じる化学進化が起こることが証明された。

問3　熱水噴出孔…火山活動が活発な海底にみられる，熱水が噴出する割れ目。この場所は高温や高い水圧によって化学反応が起こりやすい条件となっており，熱水中に含まれるメタン（CH_4），硫化水素（H_2S）などさまざまな無機物から有機物が生じた可能性が考えられている。

問4　RNA ワールド説…現在の，DNA を遺伝物質とする生物の世界（DNA ワールド）が成立する前に，RNA を遺伝物質とする生物の世界（RNA ワールド）が存在したとする考え。現在，RNA を遺伝物質としてもつウイルス（RNA ウイルス）が存在していることや，酵素のように触媒機能をもつ RNA（リボザイム）が存在することなどがこの説の根拠となっている。

問5　細胞内共生説…大型の細胞内に好気性細菌が細胞内共生したものがミトコンドリアとなり，シアノバクテリアが細胞内共生したものが葉緑体となったとする考え。

根拠となるミトコンドリアと葉緑体に共通する特徴

1．独自の DNA をもち，分裂によって増える。
2．内外が独立した異質二重膜構造をもつ。

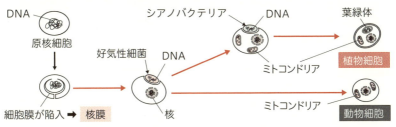

※核膜とミトコンドリアが形成された順序は明らかではない。

第8章　生命の進化

問6 **示相化石**：地層ができたときの**環境を知る手がかり**となる化石。

例）サンゴ…暖かくて浅い海

ブナ…降水量が多い冷温帯

示準化石：地層ができた**時代を知る手がかり**となる化石。

例）三葉虫…古生代

アンモナイト…中生代

ナウマンゾウ…新生代

中間型化石：進化の中間段階を示す，**中間型生物**の化石。

例）始祖鳥（は虫類→鳥類）

微化石：顕微鏡などで観察しないと見えない，**極めて小さい化石**。

古生代に入る前（先カンブリア時代）の化石は，多くが微化石。

---

[101] **先カンブリア時代から古生代**

問1 ①

問2 ①

問3 ⑤

問4 ④

問5 ②

解説 問1，問2 ┃ イ ┃ ～ ┃ オ ┃ 生命が出現したころの**大気中には酸素（O_2）は存在していなかった**ため，初期の生物は酸素を用いない**嫌気性**の**原核生物**であったと考えられる。O_2は，**O_2発生型の光合成**を行う**シアノバクテリア**などによってつくられたものである。

┃ カ ┃ 細胞小器官をもつ真核生物の化石は，約21億年前の地層から発見されている。

問3 **エディアカラ生物群**：先カンブリア時代の末期（6.2～5.4億年前）の多細胞生物の化石。**堅い殻や骨格をもつものがいない**ことから，この時期には捕食者となる**動物食性生物がいなかった**と考えられる。

問4 シアノバクテリアや藻類などが行う光合成により，大気中に放出されたO_2から，カンブリア紀末頃に**オゾン（O_3）層が形成**された。オゾン層は，太陽から降り注ぐ生物にとって有害な**紫外線を吸収**するため，生物が陸上で生活できるようになった。

問5 現在化石燃料として利用されている石炭は，**石炭紀**に繁栄した，高さ数十mにもなる**巨大なシダ植物（木生シダ類）**が化石になったものである。

Point **先カンブリア時代（46億年前～5.4億年前）のおもなできごと**

38億年前…生命体（嫌気性細菌）の誕生

27億年前…シアノバクテリア繁栄

21億年前…真核生物出現

10億年前…多細胞生物出現

6.5億年前…エディアカラ生物群繁栄

Point **古生代(5.4億年前〜2.5億年前)**
カンブリア紀…カンブリア紀の大爆発，バージェス動物群繁栄
→**オルドビス紀**…オゾン層の形成，陸上植物の出現
→**シルル紀**…あごのある魚類の出現
→**デボン紀**…両生類の出現，裸子植物の出現
→**石炭紀**…は虫類の出現，木生シダの繁栄
→**ペルム紀(二畳紀)**…三葉虫，紡錘虫の絶滅

---

102 **中生代**
問1　ア−裸子　イ−は虫　ウ−ジュラ　エ−白亜
問2　アンモナイト

解説 中生代には**裸子植物**と恐竜などの**大型は虫類**が繁栄した。

Point **中生代(2.5億年前〜6600万年前)**
トリアス紀(三畳紀)…哺乳類の出現
→**ジュラ紀**…恐竜の繁栄，鳥類の出現
→**白亜紀**…被子植物の出現，恐竜の絶滅

---

103 **新生代**
問1　ア−被子　イ−哺乳類　ウ−鳥類　　問2　②

解説 新生代には**被子植物**と**哺乳類**が繁栄。

Point **新生代(6600万年前〜現在)**
古第三紀…霊長類(サル類)の出現
→**新第三紀**…人類の出現
→**第四紀**…現生人類(ホモ・サピエンス)の誕生

---

104 **ヒトの進化**
問1　ア−食虫類　イ−霊長類　ウ−類人猿　エ−アフリカ
問2　③
問3　④，⑤

解説 ヒトはサルから進化した。ヒトだけにみられる特徴を確認しておこう。

ヒトの進化

霊長類：ヒトやサルのなかまが属する分類群。

新生代はじめに**食虫類**（**ツパイ**のなかま）から出現。

樹上生活に適応した特徴をもつ。

例）拇指対向性の獲得，かぎ爪から平爪へ変化，両眼視による立体視，昼行性

類人猿：尾をもたないサル。

新第三紀はじめに出現。

ヒト（**人類**）：**直立二足歩行**を行うサル。

直立二足歩行に起因する特徴をもつ。

例）・**大後頭孔**が真下に位置。（より重い頭部を支えられる）

・脊椎骨が S 字状。（歩くときのクッション）

・骨盤幅が広い。（体重の受け止め）

・かかとの発達による土踏まずの形成。

問1，問2 ［ **ア** ］，［ **イ** ］ ヒトを含めたサルの
なかまを**霊長類**という。霊長類は，モグラに似た
食虫類というグループから出現した。現生の食虫
類には**ツパイ**がいる。

ツパイ

［ **ウ** ］ 尾をもたないサルを**類人猿**という。類人
猿にはヒトを含めない。

現生類人猿…テナガザル，オランウータン，ゴリ
ラ，チンパンジー，ボノボ

［ **エ** ］ 直立二足歩行を行うサルを**ヒト**（**人類**）という。最古のヒトは，**アフリカ**で
700万年前に出現したと考えられている。

問3 ①，②はヒトではみられない，類人猿にみられる特徴。③，⑥は類人猿とヒトで
共通にみられる特徴。④，⑤はヒトではみられるが類人猿にはみられない特徴。

中生代			新　生　代		
三畳紀	ジュラ紀	白亜紀	古第三紀	新第三紀	第　四　紀
（万年前）6600			2300	260	1

原始哺乳類 — 原始食虫類 — モグラ　　食虫類
　　　　　　　　　　　ツパイ　　ツパイ類
　　　　　　　　　　　ロリス・キツネザル
　　　　　　　　　　　メガネザル　　　　　　霊
　　　　　　　　　　　オマキザル・オナガザル
　　　　　　　　　　　テナガザル　　　　　長
・平爪　　　　　　　　オランウータン　　類人猿
・立体視　　　　　　　チンパンジー・ゴリラ　　類
拇指対向性
直立二足歩行　　　　　化石人類　　　現生人類　　人類

105 **進化の証拠**
アー②　イ，ウ－②，⑤　エー⑩　オ，カ－③，④　キ－⑦
ク，ケ－①，④　コ－⑥　サ，シ－②，③　ス－⑧　セ，ソ－①，④

解説

適応放散：生物が，共通祖先からさまざまな環境に合わせて多様化する現象。

例）コアラとカンガルーとフクロモモンガは，いずれも有袋類であるが，樹上，地上，滑空など異なる環境に適応した結果，形態に大きな違いがみられる。

収束進化(収れん)：異なるグループの生物が，同じような環境に適応した結果，似た特徴をもつようになる現象。

例）・コアラ(有袋類)とナマケモノ(真獣類)は，ともに樹上でほとんど移動しない生活を送る。
・フクロモモンガ(有袋類)とモモンガ(真獣類)は，前肢と後肢の間に発達した膜により，滑空による移動を行う。

相同器官：由来は共通だが，機能や形態が異なる器官。

適応放散の結果生じる。(ニーズに応じて形態が変化した)

例）・サボテンのとげとエンドウの巻きひげ(ともに葉に由来)
・コウモリのつばさとヒトの腕(ともに脊椎動物の前肢由来)

相似器官：由来は異なるが，機能が似る器官。

収束進化(収れん)の結果生じる。

例）・昆虫のはね(外胚葉性，表皮由来)とコウモリのつばさ(脊椎動物の前肢由来)
・ブドウの巻きひげ(枝が変化したもの)とエンドウの巻きひげ(葉が変化したもの)

痕跡器官：祖先生物では使用していたが，使用しなくなった結果，退化した器官。

例）ヒトの虫垂，クジラの後肢

106 **自然選択による適応進化の例**
アー②　イー②　ウー①

解説 ハチの口吻は，長いほど花筒の奥の蜜を吸いやすいため，長くなる方向へと進化する。一方，植物の花筒は短いとハチにとっては蜜を吸いやすいが，ハチが奥まで入り込まないのでハチのからだに花粉が付きにくく，植物の繁殖にとっては不利となる。花筒が長いと，ハチは花筒の奥まで入り込まないと蜜が吸えないが，入り込んだハチに花粉が付きやすく，植物の繁殖にとっては有利となる。

この結果，ハチの口吻と花筒は，一方が長くなると他方が更に長くなるといったように相互作用により進化が進む。このような，複数の種が，互いに生存や繁殖に影響を及ぼしあいながら進化する現象を共進化という。

蜜は花筒の奥にたまっている

花筒が長いと,
ハチは蜜を吸うために奥まで入り込むため, ハチのからだに花粉が付きやすい
→植物にとって繁殖に有利

花筒が短いと,
ハチは花筒の奥まで入り込まないため, ハチのからだに花粉が付きにくい
→植物にとって繁殖に不利

107 集団遺伝

問1 ①, ④　　問2 (1) 0.8　　(2) 32%

解説 問1　まず, ハーディ・ワインベルグの法則が成立するための5条件を覚えよう。

Point ハーディ・ワインベルグの法則

次の5条件が成立している集団では, 世代を重ねても遺伝子頻度は変化せず, 遺伝子頻度が$(A, a) = (p, q)$（ただし$p + q = 1$）である集団の遺伝子型頻度は, $(AA, Aa, aa) = (p^2, 2pq, q^2)$となる。

① 集団が十分に大きく, ※遺伝的浮動の影響を無視できる。
② 突然変異が起こらない。
③ 個体の移出入がない。
④ 交配が任意で行われる。
⑤ 自然選択がはたらかない。
　※遺伝的浮動…偶然による遺伝子頻度の変化

問2　(1)　「ハーディ・ワインベルグの法則が成りたつ」とあるので, 優性遺伝子である茶色い羽毛の遺伝子をA, 劣性遺伝子である白い羽毛の遺伝子をaとし, 遺伝子頻度を$(A, a) = (p, q)$（ただし, $p + q = 1$）とすると, 遺伝子型頻度は

$(AA, Aa, aa) = (p^2, 2pq, q^2)$

とおける。

白い羽毛となる遺伝子型はaaのみであるので, 白い個体の割合（4%）とaaの遺伝子型頻度（q^2）は等しい。よって,

$$4\,(\%) = \frac{4}{100} = \left(\frac{2}{10}\right)^2 = q^2$$

$$\therefore \quad q = \frac{2}{10} = 0.2$$

$p + q = 1$ なので, $p = 0.8$

(2)　遺伝子頻度が$(A, a) = (0.8, 0.2)$であるので, 遺伝子型頻度は,

$(AA, Aa, aa) = (0.8^2, 2 \times 0.8 \times 0.2, 0.2^2) = (0.64, 0.32, 0.04)$

よって, ヘテロ接合体（Aa）の割合は32%

問1 ⑥ 　問2 ③

解説 生物の類縁関係を樹のように表した図を**系統樹**という。

> **Point** **分子系統樹**
>
> **分子時計**：DNAやタンパク質などの**分子に生じる変化（分子進化）**の速度。
> →同一分子であれば，生物種によらず基本的に一定である。
> **分子系統樹**：分子進化に基づいてつくられた系統樹。
> →2種がもつ同一分子を比較したとき，**違いが少ない（相同性が高い）**ほど共通祖先
> からの分岐は近年である。

問1　表は，3種の生物が共通にもつタンパク質のアミノ酸配列を，2種間で比較した
ときの違いの数である。**違いの数が少ないほど，共通祖先から分岐してからの時間は
短い**ので，違いが最も少ない（17個）XとYが，分岐してからの時間が最も短い
　ア　と　イ　のいずれかである。

　次に，X・YとWおよびZの違いを見ると，X・YとWは，平均 $\dfrac{26+29}{2}=27.5$（個）

の違いがあり，X・YとZは，平均 $\dfrac{69+66}{2}=67.5$（個）の違いがあることから，W

がX・Yとの分岐が近年である　ウ　，ZがX・Yとの分岐してからの時間が長い
　エ　であることがわかる。

問2　XとYの間のアミノ酸の違いの数は17個。これは，XとYが共通祖先より分岐し

たのちに，おのおの $\dfrac{17}{2}=8.5$（個）ずつアミノ酸置換が起きたためである。よってa

は8.5。同様に，X・YとWは平均27.5個の違いがあるが，これはX・YとWが共通

祖先より分岐したのちに，おのおの $\dfrac{27.5}{2}=13.75$（個）ずつアミノ酸置換が起きたた

めである。よってβは最も近い14（③）を選ぶ。

第9章 生物の系統

14 | 生物の系統

109 分類階級

問1 アーリンネ　イー属　ウー目　エー門　オーラテン　カー属名
キー種小名

問2 二名法

解説 ア ～ エ 生物の分類階級は，大きいほうから順に，
「**ドメイン**＞**界**＞**門**＞**綱**＞**目**＞**科**＞**属**＞**種**」となる。

オ ～ キ

二名法：生物の正式名称である**学名**を，**属名**と**種小名**を連ねて表す方法。

・**リンネ**が考案した。

・**ラテン語**で表記する。

　例）ヒトの学名　*Homo sapiens*
　　　　　　　　　　属名　種小名

110 3ドメイン説

問1 アー原核　イー真核　ウー塩基　エー r (リボソーム)

問2 A－細菌(真正細菌，バクテリア)ドメイン
B－古細菌(アーキア)ドメイン　C－真核生物ドメイン

問3 ① C　② C　③ B　④ A　⑤ C　⑥ B

解説 **問1** **3ドメイン説**：すべての生物を，**細菌(真正細菌, バクテリア)ドメイン**，**古細菌(アーキア)ドメイン**，**真核生物ドメイン**の3つに分類する。ウーズが考案した。

問2 全生物が共通にもつ分子である**rRNA の塩基配列**の解析結果から，細菌と〔古細菌・真核生物〕は約38億年前に分岐し，そののち約24億年前に古細菌と真核生物の分岐が起きたことがわかった。すなわち，細菌と古細菌はともに原核生物であるが，**古細菌は細菌よりも真核生物に近縁**である。

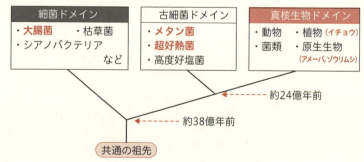

問3 3ドメイン説では，原核生物は細菌ドメインと古細菌ドメインとに分けられる。原核生物のほとんどは細菌ドメインに属し，古細菌ドメインには**メタン菌（メタン生成菌）**，**超好熱菌**，**高度好塩菌**などごく一部の原核生物が属する。

---

111 五界説

問1 ③　**問2** (1) b　(2) a

解説 **問1**　二名法を確立した**リンネ**は，生物を動物界と植物界とに分ける**二界説**を提唱した。そののち，**ヘッケル**が単細胞生物を原生生物界として独立させる**三界説**を提唱した。**五界説**は，**ホイタッカー**が考案し，**マーグリス**が修正を加えた。

問2　ホイタッカーは，すべての生物を**モネラ界**（原核生物界），**原生生物界（プロチスタ界）**，**植物界**，**菌界**，**動物界**の5つに分ける五界説を提唱した。

モネラ界…すべての原核生物。

原生生物界…真核生物のうち，単細胞生物もしくは組織が発達していない多細胞生物。

植物界…光合成を行う真核多細胞生物。

菌界…細胞壁をもち，光合成を行わない真核多細胞生物。

動物界…細胞壁をもたず，光合成を行わない真核多細胞生物。

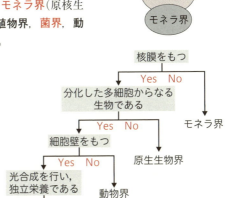

---

112 植物の分類

a－②　b－①　c－④　d－③

解説　陸上に進出した植物は，水中と異なり乾燥に対する適応や，浮力がないため**植物体を支えるしくみ**が必要となった。

a　陸上植物は，**蒸発による水の損失**を防ぐために，植物体表面に**クチクラ層**をもつ。

b　コケ植物以外の陸上植物は，水や同化産物の輸送通路として**維管束**をもつ。維管束は，浮力のない

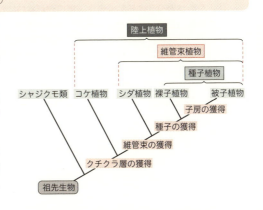

陸上で**植物体を支持する機能**ももつ。

c　裸子植物や被子植物は，**乾燥などの厳しい環境に強い**種子を形成するようになった種子植物というグループである。また，種子植物は受精の際に精細胞を**花粉管**によって卵細胞へと運ぶので，**受精の際に水を必要とせず**，この点でも乾燥に対する適応がみられる。

d　被子植物の胚珠は**子房**で包まれており，子房に包まれておらずむき出しである**裸子植物の胚珠よりも乾燥しにくい**といえる。

---

113 動物の分類
問1　A−刺胞動物　B−軟体動物　C−節足動物　D−脊椎動物
問2　(1) ③　　(2) ⑤　　(3) ②

解説 動物界の各門の分類基準を確認しよう。

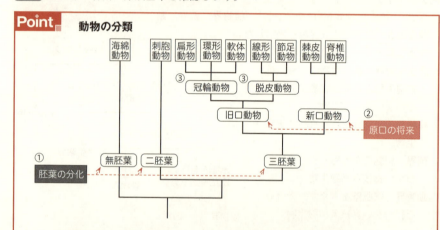

Point **動物の分類**

①　**海綿動物門**は，**胚葉が分化しておらず，それ以外の動物門は胚葉が分化している。**胚葉分化がみられる動物門のうち，**刺胞動物門**は**二胚葉が分化し，それ以外の動物門は三胚葉が分化する。**

②　三胚葉が分化する動物門は，**原口が将来口になる**旧口動物と，**原口が将来肛門になる**新口動物の2つのグループに分けられる。

③　旧口動物は，**脱皮により成長する**脱皮動物と，**脱皮せずに成長する**冠輪動物の2つのグループに分けられる。脱皮動物には**線形動物門**と**節足動物門**が含まれる。冠輪動物には**扁形動物門**と**環形動物門，軟体動物門**が含まれる。

問2　(1)　冠輪動物の多くは，発生過程で**トロコフォア幼生**という形態を経る。

　　(3)　棘皮動物と脊椎動物の**原口はともに**肛門になる。陥入した原腸が開口し，原口とは別の部位に口が生じる。

MEMO

MEMO